中国传统特色腌腊肉制品加工技术

ZHONGGUO CHUANTONG
TESE YANLAROU ZHIPIN
JIAGONG JISHU

化学工业出版社
·北京·

本书以优质原辅料选择、基本工艺与设备要求为基础，对原汁原味的特色腌腊肉制品的制作方法，包括配方、工艺流程、加工制作关键点等进行了较为详细的介绍，并根据现代市场对肉制品消费的发展需求，提出保障传统产品营养、安全的技术方法和具体措施，为加工制作优质腌腊肉制品提供参考。

本书是肉制品加工行业专业参考书，既可为相关企业肉制品加工、质量控制及管理技术人员提供指导，也可作为食品类专业课程的辅助教材。

图书在版编目(CIP)数据

中国传统特色腌腊肉制品加工技术/王卫，张佳敏主编.—北京：化学工业出版社，2018.11 (2021.5重印)
ISBN 978-7-122-33041-3

Ⅰ.①中… Ⅱ.①王… ②张… Ⅲ.①腌肉-食品加工Ⅳ.①TS251.5

中国版本图书馆 CIP 数据核字（2018）第 213920 号

责任编辑：魏 巍 赵玉清　　文字编辑：周 倜
责任校对：秦 姣　　装帧设计：王晓宇

出版发行：化学工业出版社（北京市东城区青年湖南街 13 号 邮政编码 100011）
印　　装：北京天宇星印刷厂
710mm×1000mm 1/16 印张 14 字数 220 千字 2021 年 5 月北京第 1 版第 3 次印刷

购书咨询：010-64518888　售后服务：010-64518899
网　　址：http://www.cip.com.cn
凡购买本书，如有缺损质量问题，本社销售中心负责调换。

定　　价：88.00 元　

编写人员名单

主　　编：王　卫　张佳敏

编写人员：王　卫　张佳敏　吉莉莉
　　　　　白　婷　陈　林　侯　薄

前　言

我国的传统肉制品种类繁多、历史悠久、源远流长，尤其是咸肉、腊肉、酱（风）肉、腊肠、火腿等腌腊肉制品，以其形美色艳、香醇味鲜、营养丰富、易于加工贮藏、富具农家风味和浓郁名族特色驰名中外。而广阔的幅员和丰富的畜禽资源，更造就了成百上千种腌腊肉制品名产，成为深受消费者青睐的美味佳肴，成为我国肉制品重要的组成部分。

本书以优质原辅料选择、基本工艺与设备要求为基础，对原汁原味的特色腌腊肉制品的制作方法，包括配方、工艺流程、加工制作关键点等进行较为详细的介绍，并根据现代市场对肉制品消费的发展需求，提出保障传统产品营养、安全的技术方法和具体措施，为加工制作优质腌腊肉制品提供参考。

本书由成都大学王卫、张佳敏主编。各章节编写人员为：王卫、张佳敏编写第一章、第三章、第八章；吉莉莉、陈林编写第二章、第五章；王卫、白婷、侯薄编写第四章、第六章、第七章。

限于编者的学识和水平，书中难免有疏漏和不妥之处，恳请读者批评指正并提出宝贵意见，以便在今后修订或再版时进行修改和补充。

编者

2018 年 7 月

目　录

第一章　绪论

一、 腌腊肉制品的发展历史

人类食肉历史源于原始人的“茹毛饮血”。当人们捕获猎物较多时，就开始采用一些保藏手段，而最早的肉类保藏方法之一应该属于肉的腌腊加工。据历史记载，公元前3000年前，我们的祖先就知道用食盐保存肉类，然后腌腊逐渐成为肉类加工、保藏的重要方法。通过腌腊加工，原料肉成为具有特殊风味并且耐久贮藏的食品。

我国是世界上采用腌制、干燥与发酵等方法加工贮存肉类生产腌腊肉制品历史最为悠久的国家之一。据文献记载，采用低温腌制干燥等方法加工腌腊肉制品早在周代即已极其盛行，不仅已有专门职业人员，而且对腊肉特性已有较明确的了解。在《周礼》中已有“腊人掌干肉”“牛修”“鹿脯”等腌后干制肉食记载，在《周易》中已有“噬腊肉，遇小吝而不吝”“腊肉屯其膏”等记载。到了北魏时期，《齐民要术》中对腌腊制品的制作方法已经有了详细的描述。该书《脯腊第七十五》记载有三种脯腊法，分别为“作五味脯法”“作度夏白脯法”“作甜脆脯法”。“五味脯”制作一般选择在秋冬季节，“正月、二月、九月、十月为佳。”此时由于气温比较低，肉类不易腐败。所使用的原料肉包括牛、羊、獐、鹿、野猪及家猪肉，切成条或片，浸于调好的卤汁中。卤汁的调配是制作“五味脯”的重要生产环节，所谓五味即“葱、姜、花椒、橘皮及豆豉”，先加适量的盐。“适口而已，勿使过咸”。然后将肉块或肉条浸于汁中，浸透味厚即可捞出，用细绳穿好，悬于北面屋檐下阴干。经过数日，水分含量下降，逐渐变得坚硬就成了。然后从屋檐下移至洁净的专用贮藏室挂起来，并套上纸袋，以防尘土和蝇虫。因为脂肪容易氧化，不耐久藏，故食用时先取脂肪多的部分。腊月生产的“五味脯”可以经夏不坏。“度夏白脯”则主要在腊月生产，“腊月作最佳。正月、二月、三月亦得作之。”因为脂肪容易酸败，所以原料主要采用牛、羊、獐、鹿之精肉。切片，洗净残血，浸于冷盐水中，辅以花椒，两日取出，阴干。其间可用木棒轻轻敲打，使之坚实。从其描述看，其加工工艺极似我们目前的腊肉加工，而且当时人们已经知道低温的作用，有些产品必须在腊月生产，由此而称为“腊肉”。这样做，一方面是在腌制初期利用低温抑制微生物的生长，另一方面是腌制过程中在较低温度下通过脱水作用保证其较长的货架期和特殊的口感。

欧洲等国家和地区利用腌制、干燥、发酵方法以腌腊肉类生产方式保存肉类也已有2000余年历史。根据文献记载，公元前1200年，犹太人就从湖水中收集食盐用于保存肉类等食品，古希腊也有类似的记载。由地中海地区区域性产品演变成遍布欧洲各国与美国、加拿大、南非、澳大利亚等国的国际性腌腊发酵产品也有150余年历史。按照其产地发酵肉制品可分为意大利、德国、匈牙利、美国等多种类型。按加工过程中有无熟制处理可分为生制与熟制形态产品。按产品加工与食用时肉类形态可分为块状发酵肉制品、馅状发酵肉制品（按水分含量、加工过程中水分散失程度与水分蛋白比可分为干制、半干制与不干发酵香肠）与可食发酵副产品。按发酵加工温度可分为低温发酵与高温发酵产品，按发酵类型可分为低酸与高酸发酵肉制品。前者是指在0～25℃低温下进行腌制、发酵、干燥，产品pH值在5.5以上的发酵肉制品，如各种发酵火腿、萨拉米等干制发酵香肠；而后者是指在25℃以上温度进行发酵、干燥，产品pH值在5.5以下的发酵肉制品，如各种美式半干发酵香肠。20世纪60年代初开始，欧洲的腌腊制品广泛进入常年性、工厂化、规模化发展阶段，微生物发酵剂添加，人工控制腌制、发酵、干燥等现代生产技术应用日益普及，经过数十年发展，腌腊发酵肉制品生产已基本呈现工厂化、标准化、规范化、规模化发展格局，尤其在德国，现代生物发酵、低温腌制、自动控制、高效节能等技术广泛采用，腌腊发酵肉制品比重达到肉制品总量的30%以上，成为传统、风味、优质、高档肉制品的代表。

二、 腌腊肉制品的类型

西式腌腊肉制品实际上涵盖了所有生制发酵肉制品，包括生熏发酵火腿、发酵香肠和其他腌腊猪肉、牛肉等制品。其加工方法与中式腌腊肉制品类似，原料肉经腌制、晾晒或风干加工，在缓慢风干进程中自然发酵或添加微生物菌种发酵即成，其微生物作用比中式腌腊肉制品大得多。

中式肉制品种类繁多，包括腌腊肉制品、香肠制品、火腿制品、酱卤制品、熏烧烤制品、干制品、油炸制品、调理肉制品、罐藏制品等类型。腌腊制品是指原料肉经腌制、酱渍、晾晒（或不晾晒）、烘烤等工艺加工而成的生肉类制品，食用前需经熟加工。但按照传统习惯的分类，特别是在加工工艺和产品特性上，生制火腿制品和香肠制品中的腊肠，实际上属于“正宗”的腌腊制品。因此按配料和加工方法的差异，可将腌腊制品分为咸肉、腊肉、酱（封）肉、风（干）肉、火腿和腊肠。

1. 咸肉

原料肉用食盐盐渍，经腌制加工而成的生肉类制品。食用前需经熟加工，如咸猪肉、咸牛肉等。

2. 腊肉

原料肉添加食盐或天然香辛料，经腌制后，再经晾晒或烘烤干燥等工艺加工而成的生肉类制品。食用前需经熟加工，有腊香味。川式腊肉、广东腊肉和湖南腊肉为其主要代表。四川的元宝鸡、缠丝兔、红板兔、板鸭等也属于腌腊肉，原料不同，加工方法与腊猪肉相似。

3. 酱(封) 肉

原料肉用食盐、酱料（甜酱或酱油）腌制、酱渍后，再经风干或晒干、烘干、熏干等工艺制成的色棕红、有酱香味的生肉类制品。食用前需经熟制。北京清酱肉、广东酱封肉、杭州酱鸭等为酱（封）肉的主要代表。

4. 风(干) 肉

原料肉不添加任何辅料（个别产品可用食盐），经腌制、洗晒（某些产品无此工序）、晾挂、干燥等工艺制成的生、干肉类制品。食用前需经熟加工，如风干牛肉、风干羊肉、风羊腿和云南风鸡等。

5. 火腿

以猪后腿为原料，腌制后经较长时间干燥和成熟发酵等工艺加工而成的生腿制品。著名的产品有金华火腿、宣威火腿、如皋火腿等。

6. 腊肠

原料肉切碎，与辅料混合后充填入肠衣内，经腌制后，再经晾晒或烘烤干燥等工艺加工而成的生肉类制品。如四川腊肠、广式香肠、肉枣肠等。

三、 腌腊肉制品产品特性

中式腌腊肉制品特点：一是伴随中国历史发展进程，形成了适应不同地域消费习惯、风味各异的众多产品类型，具有固定的大众消费群体，具有消费者喜爱的传统腌腊味和独特风味；二是在较为简单的条件下也可制作，易于加工生产，不仅是当今企业规模化加工的主要肉制品类型之一，更是千家万户制备家庭年货，家庭或作坊、餐馆手工制作的特色食品类型，加工量之大、制作者之多，实属国际上罕见；三是在其加工中一般都经干燥脱水，因此重量轻，易于运输流通，保存期长，安全性佳，即使在非制冷条件下也能较长期贮存，有的产品货架寿命可长达6～8个月，适应了我国地域宽广的农村地区在缺乏冷链条件下的制作、贮藏和消费需求。

腌腊肉制品传统加工手教口传，通过代代相传的传统经验式加工保证产品质量稳定性和安全性。尽管产品类型和风味各异，但其理化指标基本类似，这些基本特性指标影响着产品的色泽、风味和组织状态。添加的辅料中食盐用来调节 a_w 值，发挥保证产品可贮性和调味增香的作用。有的产品添加硝酸盐或亚硝酸盐，通过腌制过程赋予产品特有的腌制色泽和香味，其防腐抗氧化功能也早已被证实。还有的产品添加白砂糖，实际上是作为保湿剂和 a_w 值调节剂，对产品的色泽、组织状态、香味和可贮性产生一定影响。在腌制和干燥过程中，特别是自然风干产品，某些微生物（微球菌、乳酸菌）的生长繁殖对产品特有风味和组织状态的形成具有重要意义。缠丝兔、板鸭等腌腊肉制品中往往添加了不同的香辛料，这些辅料不仅对其风味不可缺少，在保证产品可贮性上还发挥一定作用。

现代研究表明，传统腌腊肉制品是可贮性较佳的半干水分食品（intermediate moisture foods，IMF），这类产品在非制冷条件下可较长时间贮存，其可贮性和安全性主要由较低的 a_w 所决定，即降低产品水分活度，为此加工中的干燥脱水对 a_w 值的下降最大，添加盐和糖也有助于进一步调节 a_w 值。肉制品中常用的其他添加剂也在一定程度上对降低产品 a_w 值，延长保存期有利。因此通过这些辅料的调整来改善产品可贮性是可能的，同时也是有限的。例如食盐和糖，过多添加均对产品感官质量不利。有的产品在干燥进程或干燥后要进行烟熏，例如，我国四川的青城山老腊肉、德国的烟熏发酵肠等，产品特有的烟熏味始终受到不少消费者喜爱。烟熏不仅仅赋予产品特有香味，熏烟物质在产品上的蓄积还可起到特别地改善色泽、抑制有害菌生长、延缓脂肪氧化酸败、延长产品保质期等作用。当然不当的烟熏方法，例如，烟熏温度过高、时间过长，以及熏材选择不当，则可能导致苯并芘等有害物的残留或生成。还有的产品添加硝酸盐或亚硝酸盐，硝盐在赋予产品特有的腌制色泽和香味，防腐保质，抑制致病菌和腐败菌的生长，以及延缓脂肪氧化酸败上具有较好的作用，但添加过量将在肉制品中残留而可能导致对人体的不利影响。但目前尚未找到能够起到硝盐诸多作用又更为安全的食品添加剂，因此应严格控制硝盐的添加量，只要是按照国家食品添加剂卫生标准使用，是完全可以保证产品安全性的。

四、 腌腊肉制品传统加工存在的问题

腌腊肉制品是我国发展历史最长、产品加工量最大的肉制品类型，拥有庞大而固定的消费群体，其风味特色已融入我国的文化体系中。受近代战乱频繁、人民肉类消费长期处于短缺状态等因素制约，我国近代腌腊肉制品加工一直处于发展极其缓慢的状态，直至二十世纪九十年代以后，伴随着我国人民肉类消费需求由数量需求型向质量需求型转变，金华火腿、宣威火腿、四川腊肠、腊肉、板鸭、南京盐水鸭、酱鸭等腌腊干燥肉制品才真正进入快速发展时期，由国内区域性、礼品性商品转化成为广大城镇消费者日常肉类制品消费的重要组成部分。经过 30 余年持续快速发展，不同类型的腌腊肉制品在其产地已成为举足轻重的产业，但随着国家经济的持续发展和国民生活水平的不断提升，这一历史悠久的传统产品市场也面临诸多挑战，存在的如下所述问题越来越受到加工和消费者的关注。

1. 工艺落后， 设备简陋

目前其生产仍以依赖自然环境为主，生产加工技术条件简陋，大多是缸腌棚晾，手工操作，现代温控调理腌制、自控发酵干燥、精细化切割包装、冷链储运等技术应用率极低，加工规范程度低下，质量控制粗放，生产管理松懈。

2. 卫生保障缺乏、 安全隐患多

传统加工口授手传，地点多是家庭或小作坊，缺乏标准化工艺和配方，没有规范化生产环境，存在原料交叉污染等情况。大多数腌腊肉制品存在一个自然干燥发酵成熟的过程，此期间产品暴露于空气中极易受到微生物及其他有害物的污染。而且传统加工缺乏冷控条件，在传统的冬腊月季节性制作尚问题不大，如果扩大规模或常年生产，显著的较长时间腌制和干燥，一旦温度较高，微生物导致的产品腐败变质和致病菌生长显然成为安全隐患。

3. 质地干硬，含盐量较高

腌腊肉制品的发展是为了保障食品能够在常温下长期贮藏，因此传统肉制品生产需干燥度很高以尽可能减少水分含量，还需大量使用盐来降低产品的水分活度，从而延长肉品保藏期和保证其卫生安全性，但也导致产品干硬和普遍含盐量高。如保质期长、安全性稳定的板鸭和风鸡，水分含量可低于25%。腊肉含盐量一般在5%～8%，火腿有的高达10%以上。这显然不适应现代消费者对软质、低盐、美味的消费需求，严重制约了传统腌腊肉制品的发展。

4. 容易氧化酸败

腌腊肉制品脂肪在加工过程中生成一些小分子物质而赋予产品特征风味，但在传统加工、储藏条件下，随着脂肪氧化加剧，特别是多不饱和脂肪酸过氧化，产生令人不愉快的滋味和气味，极易造成产品风味、质地、颜色和营养的恶化，致使产品丧失食用价值而不合格。现代医学研究表明，多不饱和脂肪酸过氧化产物可以诱发机体多种慢性疾病，是人体衰老和心血管疾病的主要诱因。

5. 硝盐使用不当带来安全风险

亚硝酸盐作为一种食品添加剂应用于传统腌腊肉制品的加工中，可发挥护色、防腐、抑菌、抗氧、增香等作用，特别是对剧毒的肉毒梭状杆菌等致病菌有抑制作用。目前国内外肉制品加工企业大都还在使用亚硝酸盐来获得良好的色泽、风味和质地，延长食品的保质期，确保产品安全性，尚未找到更好的可替代亚硝酸盐的添加剂。亚硝酸盐按照法规使用不会产生明显的危害，但使用不当甚至滥用，将导致产品中较高残留量，从而对消费者的健康造成危害。研究表明亚硝酸盐添加过量能引起中毒，同时亚硝酸盐又是强致癌物 *N*-亚硝胺的前体物。亚硝酸盐对人的中毒剂量为0.3～0.5克，致死剂量为3克。

6. 不当烟熏导致有害物残留

传统腌腊肉制品中大都有烟熏这一加工环节，欧洲香肠和腌腊发酵肉加工中烟熏是必需工艺，四川、湖南等地的腊肉制品中，广泛采用烟熏，不仅可除去肉中的膻味，赋予制品特殊的烟熏风味，使制品具有特有的烟熏色，还可起到脱水干燥，杀菌消毒，在肉的表面形成薄膜，防止肉内部出现脂肪氧化，从而延长肉制品的保质期，确保产品安全性的作用。但是不当的烟熏方式和熏材会产生苯并［*a*］芘（BaP）等多环芳烃，苯并

[a] 芘是多环芳烃类代表性的致癌物，大量人群流行病学研究表明 BaP 与肺癌、膀胱癌、皮肤癌和乳腺癌等多种肿瘤的发生有关。

五、腌腊肉制品现代加工质量控制与品质提升

自二十世纪八十年代末以来，伴随着一批合资企业的建成与运营，意大利拉米干香肠、德国 Bundnerfleisch 发酵牛肉火腿、帕尔玛火腿、乡村火腿等西式腌腊发酵肉制品加工工艺和设备引入，对我国传统腌腊肉制品技术改进和质量提升起到了推进作用。有关腌腊肉制品现代控制和品质提升的研究表明，传统加工法可保证腌腊肉制品的可贮性和卫生安全性，但对可贮性极佳的产品，往往存在干硬、味咸、外观欠佳等不足，改善其感官质量是重点。而对一些 a_w 值较高的产品，例如，加工者为提高经济效益采用快速生产法加工的板鸭、腊肉等，尽管可在一定程度上使产品外观和组织状态得到改善，但其特有风味和货架寿命大受影响，特别是如何保持其可贮性是关键难题。同时脂肪氧化酸败、温度控制、硝盐添加和烟熏工序中容易导致的问题也应引起高度关注。为此在现代腌腊肉制品的制作中，应尽可能应用现代技术改善产品品质，提升档次，确保产品安全优质。

在腌腊肉制品加工改进和质量提高上，自控设施设备和现代技术已在逐步推广应用。例如，在腌制阶段严格的温湿度控制，采用温度、湿度和空气流动仿天然自控装置，可大大提升加工效率，缩短加工周期，并加工出优质高档、卫生安全的腌腊肉制品。在配方调整上，可适当降低硝盐添加量，尽可能减少在成品中的残留，并通过抗坏血酸等发色助剂、抗氧剂的应用，部分替代硝盐的发色、增香和抑菌抗氧作用。食盐也应控制在适宜范围，通过调节干燥度和保持原有糖、香辛料等保湿剂和调料比例，尽可能使产品保持原有色泽、香味和可贮性，同时改善其干硬和过咸等特性。在配方调整中，决不可忽视硝盐、食盐量对产品防腐保质的影响，如果添加量下降而产品 a_w 又大为提高，则必须有相应的防腐抑菌措施与之结合，否则产品可贮性难以保证。

腌腊肉制品的防腐保质工艺措施，首先是尽可能减少原辅料初始菌量，并避免加工中的不利微生物污染。对腊肉和板鸭微生物特性研究证实，如果原料中污染有较高量致病菌、腐败菌，则在烘烤后仍有大量残

留，并在贮存阶段增殖而可能导致产品腐败或食物中毒。对 a_w 值较低的腌腊肉制品，金黄色葡萄球菌是主要的残存致病菌，减少其污染并抑制其生长是加工中的关键点之一。原料的微生物控制可通过严格控制屠宰、分割及处理的卫生条件而达到，而辅料宜采用萃取法制成腌制液腌制肉料或预先消毒灭菌处理，不仅增强了香味物渗入肉料的能力，使产品风味更佳，另外使辅料中污染菌大为减少。

腌制阶段的温度控制，是保证腌腊肉制品可贮性的重要环节。腌制温度一般不应高于 10℃，而烘烤温度和时间是腌腊肉制品加工中最为关键的控制点。肉料在较高温度下烘烤时 a_w 值迅速下降，极为有效地抑制或杀灭不利微生物。从产品感官质量上考虑，烘烤温度不应高于 70℃；而从有效降低 a_w 值以及抑菌上考虑，则不应低于 55℃。生产实践表明较为适宜的烘烤温度是 58～60℃，烘烤至肉料 a_w 在 0.89 左右即可。如果成品 a_w 低于 0.85，在贮存的开始阶段残存菌继续呈下降趋势，完全可保证产品可贮性和卫生安全性。对表面污染极为严重的肉料，甚至可在烘烤结束前提高烘烤温度短时高温灭菌处理，例如 90℃处理 20 分钟，也可使污染菌大为减少。

对于 a_w 低于 0.85 的腌腊肉制品，一般可达所需的微生物稳定性，而脂肪氧化酸败和霉变常为影响其可贮性的重要因素，腊禽肉、腊猪肉的酸败霉变即是如此。现今多采用真空包装法，这也是简易而有效地防霉抗酸败方法。对一些小包装而不太厚的产品，抽真空后可采用巴氏灭菌法，即根据产品厚度于 75～80℃热水中处理 30～50 分钟，可使产品在贮存期内酸败或霉变的发生率显著下降。除此之外应用卫生安全的防腐剂更为实用。研究与应用表明，山梨酸盐类防腐剂对腌腊肉制品的防腐抗酸败作用较佳。

标准值式生产和关键点控制法管理已成为肉类加工中保证和提高产品质量不可缺少的手段。即使是在非现代化的具备一般条件的加工制作，尽可能使加工标准值化，实施关键点控制管理也是可行的，将有助于稳定产品质量，改善产品感官特性，提高加工效益。传统的凭经验式加工，即凭借加工者视觉、触觉和味觉控制产品质量，在我国传统肉制品生产中沿用至今，而随加工业的现代化，凭经验式加工必将逐渐成为标准值式生产的一种补充。标准值建立首先是对经验式加工法的总结，然后通过测定分析和研究，获得各环节的可测值，并通过优化后作为加工合格产品的基础，给加工过程提供最佳控制条件，使各生产环节有据可依，从而加工出质量稳定的标准化产品。关键点控制法的要点，即通过对某一产品整个制作流程中与产品紧密相关，对产品质量特性可造成危险的充分评估并分析明了化，列出避免这些危险的关键控制点，然后建立消除这些危险的标准值，严格按照标准值控制生产，从而加工出贮存期长、符合卫生要求的优质标准化产品。

第二章　腌腊肉制品加工原辅料

一、腌腊肉制品中常用的原料

腌腊肉制品的原料是各种动物的肉（畜禽肉），最主要的是猪肉、牛肉，另外还有羊、兔、禽、鱼等肉类。由于养鸡量大，鸡肉增多，用量也增加。在肉制品中，有的产品是以一种肉为原料，也有以两种或两种以上动物肉为原料。但不论用何种肉为原料，必须保证原料肉的质量符合肉类制品加工卫生要求，并要求屠宰放血良好，刮毛干净或剥皮良好，要摘净内脏，除去头、蹄、尾及生殖器官，修净三腺及伤斑。使用牲畜的头、蹄、内脏加工肉类制品时，必须是质量新鲜、合乎食品卫生条件和要求的原料。

1. 猪肉

肉制品原料中，猪肉用量最大。猪肉质地鲜嫩、纤维细，脂肪易于消化吸收，香气好，所以腌腊肉制品多以猪肉制品为多，占70%～75%。猪肉中以臀部（4号肉）、肩部（2号肉）、背部（3号肉）等肌肉品质较好。一般用分割好的2、4号肉来加工高档肉制品，其他部位肉各有用处，而腹腔脂肪、腹部脂肪和结缔组织丰富的部位则利用率较低。因为腊肠等腌腊肉制品中一般要加一定的猪肥肉，所以常采用有特殊香味的猪背部脂肪。

2. 牛肉

在中西式肉制品中，许多产品也以牛肉为主要原料，如腌腊风干牛肉、牛肉干、牛肉松、牛肉灌肠、酱卤牛肉、烤牛肉等；或者产品中加一定比例的牛肉，如火腿肠、西式蒸煮香肠等，除猪肉外还要加入一定量的牛肉。传统牛肉制品中，牛瘦肉越多越好，以腿部、肩胛以及颈部的瘦肉为最好，并应剔去结缔组织和大块的脂肪。

3. 禽兔及其他动物性原料

鸡肉、鸭肉、鹅肉、羊肉、马肉、骡肉、驴肉及兔肉等，均是制作各式腌腊风味肉制品的好原料。此外，禽肉可制作酱卤制品，也可灌肠，或制成干制品。兔肉多制成酱卤、腌熏制品，可与猪肉、牛肉配合灌肠。其他肉类如马肉、驴肉等多用于酱卤制品；鱼肉可灌肠，或与其他肉配合使用做成各种成型产品。畜禽屠宰可食副产物，包括血、肝、心等，也可作为一些风味特产肉制品的原料。

二、 腌腊肉制品原料肉质量鉴别

(一) 原料肉的鉴别方法

用于加工肉制品的原料是动物性肉类，包括：畜类（猪、牛、羊、马、骡、驴等）、禽类（鸡、鸭、鹅等）及各种水产品类，以及其可食副产物。主要是猪肉和牛肉，其次是羊肉、马肉、驴肉、禽类肉及水产品类。不同的原料肉，其形态结构、物理性质、化学成分不同。即便是同一种原料肉，由于在机体中所处位置不同，其结构、性质和加工用途也不相同。肉制品质量的好坏与成本的高低，除与产品配方、工艺等因素有关外，还与原料的选择是否合理有很大关系。因此，要正确掌握不同原料肉的鉴别方法，掌握原料肉的鉴定标准及质量等级划分与运用。以达到物尽其用、提高产品质量、降低产品成本的目的。

1. 腌腊猪肉制品的原料选择

一般情况下，猪肌肉呈淡红色，有光泽，纤维细而柔软，结缔组织较少，肉质紧密，脂肪洁白，脂肪含量比其他肉类多。猪肉本身的品质会因猪的产地、饲养状况及年龄的不同而不同，肌肉与脂肪的比例也就各不相同，加工利用率将有很大差异。因此，猪肉的质量与猪的类型有很大关系。

目前，我国按照猪的经济类型大致可分为脂肪型和瘦肉型两大类型，这是根据人们对肌肉和脂肪的需求差异和加工用途不同而划分的。一般情况下，脂肪型猪的瘦肉率在50%以下；瘦肉型猪的瘦肉率在50%以上。

根据猪种的起源、生长和外形的特点，结合当地自然环境和饲养条件等因素，将我国的猪种大致分为华北型、华南型、华中型、江海型、高原型和瘦肉型六种类型。

(1) 华北型　主要分布在淮河、秦岭以北，包括东北、华北等地区。华北型猪总的特点是躯体长而粗，背平直，四肢粗壮较高，嘴长耳大，体表的毛较多，背部上的鬃较长，冬季生一层棕红色绒毛。这种类型的猪一般膘不厚，板油较多，瘦肉量大，肉味香浓，繁殖力较强，但生长成熟期较慢。如吉林黑猪、北京黑猪、啥白猪、芦花白猪等。

(2) 华南型　主要分布在西南和华南地区。这种类型猪的特点是：躯体较短矮，背腰宽阔，腹部多下垂，臀部丰满，嘴短耳小，皮薄，毛短

细，四肢粗短多肉。华南型猪早期生长发育快，成熟期早，肉质细嫩而味美。如小耳猪、小花猪、槐猪等。

（3）华中型　主要分布于长江流域和珠江三角洲间的广大地区。其特点是：体形基本与华南型猪相似，背宽，四肢短，腹大下垂，皮毛稀疏，肉质细腻。但肉质较疏松，骨髓较细，额部多有横纹，躯体比华南型猪要大，生长快，成熟期早。如浙江金华猪、广东大白花猪、湖南宁乡猪、湖北监利猪等。

（4）江海型（又称华北、华中型）　主要分布于汉水和长江中下游地区。其特点介于华北、华中型之间，额较宽，皱纹深，多呈菱角形，耳大下垂，皮薄肉细，生长快，成熟期早，小型猪6个月可达60千克以上。

（5）高原型　主要分布于青藏高原，一般多集中在海拔较低的草原和河谷地带的牧区与半农牧区。由于这类猪在牧区长期奔跑觅食，再加上高原气候等因素的影响，体形小而紧凑，四肢发达，背宽而微弓，皮较厚，肉质紧密，毛密长，鬃毛发达而富有弹性，生长较慢。

（6）瘦肉型　主要是从美国、丹麦等国引进猪种及中国自行杂交的一些品种。这一类型猪的瘦肉率在50%以上，是熟肉制品加工中理想的选择类型。如美国石格猪、丹麦的长白型猪、中国杂交的乳白猪等。

2. 腌腊牛肉制品的原料选择

牛肉是熟肉制品加工的基本原料肉之一。牛肉同猪肉相比，肉色较深，通常呈鲜红色或暗红色，有光泽，纤维粗长，结缔组织较多，肉质较硬；脂肪含量少，呈乳白色或淡黄色，质地硬。由于牛的品种、性别及生长期不同，牛肉的质量会有较大的差别。

（1）黄牛　黄牛又称旱牛，其外观以毛黄为特征，主要分布在内蒙古自治区、华北北部、东北西部和西北部分地区。过去以役用为主，老牛兼肉用，现在随着农村机械化的逐步普及和人民生活水平的提高，以役用为主的观念有所改变。黄牛肉色呈暗红色，肉质较好，肌肉纤维较细，臀部肌肉较厚；肌肉间的脂肪较少，呈淡黄色。如关中黄牛、三河牛、南阳牛、鲁西黄牛等。

（2）水牛　主要分布在四川、广东、广西、云南、湖南、台湾等地区。水牛比黄牛稍大，体色黑，额头短狭，生一对大弯角。水牛肉色泽比黄牛肉略暗，有紫色光泽，肌肉丰满，纤维粗而松弛，肉质较差；脂肪为黄色，干燥而少黏性。如滨湖水牛、温州水牛等。

（3）牦牛　主要分布在青藏高原及西南一些地区。原野生，全身披毛很长，肌肉组织较致密，色泽紫红，柔嫩香醇。

（二）原料肉质量等级的鉴定

原料肉质量感官鉴定包括外形、结构、气味、脂肪、骨髓五个部分。

（1）外形：新鲜肉表面有层微干的表皮，肉的剖面略有收缩，肉质透彻呈淡红色或鲜红色。不新鲜肉表面干燥，断面呈灰色，有黏液。腐败的肉表面发霉变灰。

（2）结构：新鲜肉剖面紧密，富有弹性，肌肉细嫩柔软，关节表面光滑清洁无黏液。不新鲜的肉松软无弹性，关节表面有黏液。

（3）气味：新屠宰的肉，在一定时间内带有脏腑的气味，待脏腑味消失后，猪肉有腥味，公牛肉有腥味，犍牛肉气味微香。不新鲜肉带有酸味或霉烂腐臭的气味。

（4）脂肪：新鲜猪肉脂肪呈白色；鲜牛肉脂肪呈乳白色或淡黄色，质地较硬，可碾碎。不新鲜肉脂肪一般呈灰色并有腊味。变质脂肪呈淡绿色，有黏液，有霉烂的臭味。

（5）骨髓：鲜肉骨髓充满骨腔；反之，骨髓与骨骼间略有空隙，色暗。腐败肉骨髓与骨腔间空隙很大，结构松软，有黏液，呈灰色。

1. 猪肉的质量等级鉴定

根据肥膘定级标准及加工用途定级标准进行鉴定。

（1）按肥膘定级　根据猪胴体中肥膘含量规定：一级鲜猪肉肥膘厚1.0～2.5厘米，冻猪肉肥膘厚1.0～2.0厘米；二级鲜猪肉肥膘厚1.0～3.0厘米，冻猪肉肥膘厚2.0～2.6厘米；三级鲜猪肉肥膘厚小于1.0厘米、大于3.0厘米，冻猪肉肥膘厚大于2.6厘米。

（2）按加工用途定级　在熟肉制品生产中，大多数产品对原料部位有一定要求，个别品种甚至还有特殊要求，非其他部位所能代替。因此，按加工用途对猪躯体各部位划分为四个等级。规定：特级肉包括里脊、通脊（腰背肉）两部分；一级肉包括后腿肉、夹心肉两部分；二级肉包括肋条肉和蹄髈两部分；三级肉包括颈肉、肥膘和奶脯三部分。

2. 牛肉的质量等级鉴定

一般情况下，将牛肉划分为四个等级。

一级牛肉：整体形状好，宽而厚，前后躯体比例匀称，骨髓不外露，肌肉发达，皮下脂肪均匀。肉横断面上脂肪纹明显，肌肉呈鲜红色，有光

泽，质地紧密，弹性大。脂肪呈乳白色，光泽好。

二级牛肉：整体形状良好，宽厚度适中，肌肉发育完整，皮下脂肪较均匀。腰部切面上肌肉间脂肪纹明显，肉质紧密，色泽良好，弹性较好。

三级牛肉：整体形状、宽厚度及匀称情况一般，肌肉发育中等，第二肋骨至臀部布满皮下脂肪，其他部位只有小面积脂肪层，脂肪分布不均匀。肌肉色泽发暗，纹理及致密性、弹性一般。

四级牛肉：整体形状差，肌肉不发达而且附着状态不好，皮下脂肪薄而且只有很小面积，脊椎骨及髓骨明显突出。肌肉、脂肪颜色差，无光泽，纹理粗，致密性、弹性较差，肌肉间脂肪少。

（三）原料肉的修割标准

肉的质量不仅受动物的种类、品种、年龄、性别等因素影响，而且由于同一动物体不同部分的生理机能不同，肉的形态、组织结构、化学成分也就存在差异。熟肉制品原料肉的选择，是由它的产品特点和制作工艺所决定的。因此，根据不同熟肉制品的要求，对原料肉进行修割和整理，使之能够被合理地利用，对提高原料肉利用率、提高产品质量、丰富产品品种、降低产品成本具有重要作用。

肉制品加工中原料肉的修割原则，是根据原料肉中肌肉组织、结缔组织、脂肪组织的比例不同，按照部位、用途、等级编定修割标准。下面以猪肉和牛肉的修割为例予以说明。

1. 猪肉的修割

整猪肉指活猪经宰杀后去掉毛、爪、尾、内脏及三腺所剩余的部分，也叫白条猪肉。通常从背部中线割分为左右两片。对猪躯体的修割方法，没有统一的标准，因为各地风俗习惯不同，产品的规格、特点、要求不同，其修割方法也不尽一致。但总体原则是修割时不破坏其生理结构。修割方法及部位如图 2-1 所示。

（1）夹心肉（前腿肉）　从第 4 胸椎和第 5 胸椎之间，与背线约成直角下刀割断，去掉牡丹肉、颈肉和前蹄髈，剔除颈椎、肩胛骨、胸椎、肋骨和胸骨。

夹心肉基本上是瘦肉，但不如后腿肉，肌肉间带有夹层脂肪和结缔组织。夹心肉经去皮和割去肩部脂肪，是制作火腿、香肠、肉松、肉干、肉脯、灌制品等的原料。

（2）后腿肉　从第 5 腰椎与第 6 腰椎之间，与背线成直角下刀弧形割

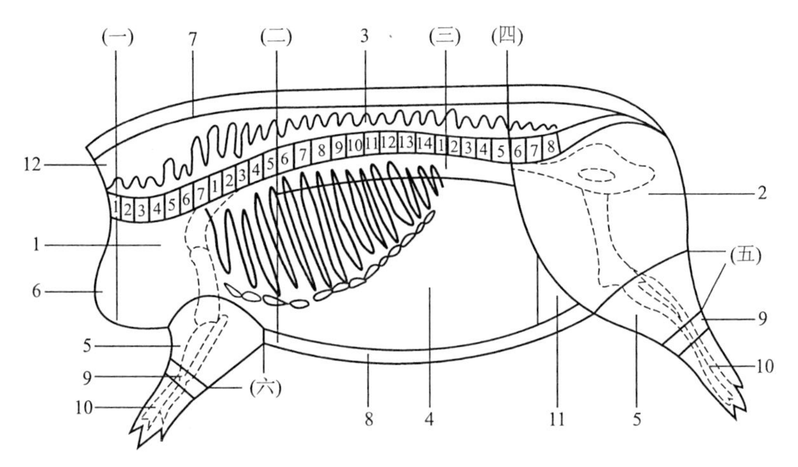

图 2-1　猪躯体修割方法及部位

（一）颈肉分割线；（二）夹心肉分割线；（三）大排肉分割线；

（四）后腿肉分割线；（五）后蹄骸分割线；（六）前蹄分割线

1—夹心肉；2—后腿肉；3—大排肉；4—方肉；5—前、后蹄髈；6—颈肉；7—白脢肉；

8—奶脯；9—前、后脚圈；10—前、后脚爪；11—后腿三角脯；12—牡丹肉

至后蹄内侧根部，剔除腰椎骨、腿骨、髓骨，去掉后蹄髈。

后腿肉瘦肉多，肥肉和筋腱比较少，是整个猪体中肌肉最集中的部位。整腿可用来加工成金华火腿、西式熏腿等制品。经剔骨修割整理后可制作盐水火腿、香肠、肉松、肉干、肉脯、灌制品等多种肉制品。后腿肉是肉制品生产中用途最广的原料。

（3）腰背肉（大排肉）　分离夹心肉和后腿肉后，从第 5 肋骨 1/5 处与背线平行下刀割断为腰背肉部分，剔除胸椎、肋骨、腰椎、肩胛软骨，去掉背部脂肪。

腰背肉是一条圆而长的通脊肉，肉质细嫩，色泽鲜艳，质量好，是肉制品中大排、培根专用原料，同时也是制作熏圆火腿、盐水方火腿、叉烧肉、肉松、中式大排骨和西式烧排骨等制品的上好原料肉。

（4）方肉　是猪躯体中间的一段分离下腰背部和奶脯肉后剩下的腹部部分，再去掉横膈膜和腹部脂肪，剔除肋骨、胸骨及肋胸软骨组织。

方肉特点是一层肥一层瘦，肌肉与脂肪相间，共有五层，因此，又称“五花肉”，是制作中式酱肉、扣肉、红烧肉及西式培根等制品的原料。

（5）前、后蹄髈　瘦肉多，皮厚，胶质多，是制作肴肉、扎蹄、水晶肘、酱肘等制品的原料。

(6) 颈肉（槽头肉） 从第1颈椎骨与背部约成垂直下刀割断，上部为牡丹肉，下部为颈肉。颈肉肥瘦难分，肉质差，可同其他原料肉一起制成肉馅，生产灌肠制品。

(7) 脂肪 从前、后腿及肩背部修割下来的脂肪块，是各种灌肠制品的原料。

(8) 奶脯 方肉下端的一长条边缘肉，没有肌肉，质量差，一般作炼油用或掺入低档灌肠制品中。

在原料肉的修割整理过程中，还要注意对“三腺”的识别与处理。“三腺”即为甲状腺、肾上腺和病变淋巴腺。“三腺”均有不同程度的毒性，通常在屠宰后或白条肉出厂前割除干净。原料肉修割整理过程中如发现有遗漏“三腺”应立即割下销毁，防止误食中毒。

2. 牛肉的修割

我国的标准将牛胴体二分体首先分割成臀腿肉、腹部肉、腰部肉、胸部肉、肋部肉、肩颈肉、前腿肉、后腿肉共八个部分（图2-2）。在此基础上再进一步分割成牛柳、西冷、眼肉、上脑、嫩肩肉、胸肉、腱子肉、腰肉、臀肉、膝圆、大米龙、小米龙、腹肉13块不同的肉块（图2-3）。

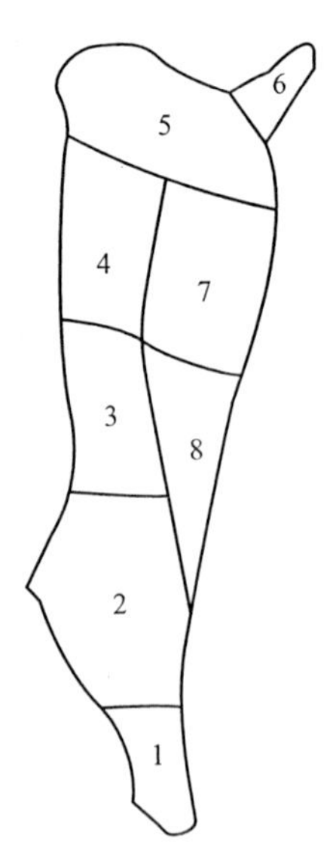

图2-2 我国牛胴体部位分割图

1—后腿肉；2—臀腿肉；3—腰部肉；4—肋部肉；

5—肩颈肉；6—前腿肉；7—胸部肉；8. 腹部肉

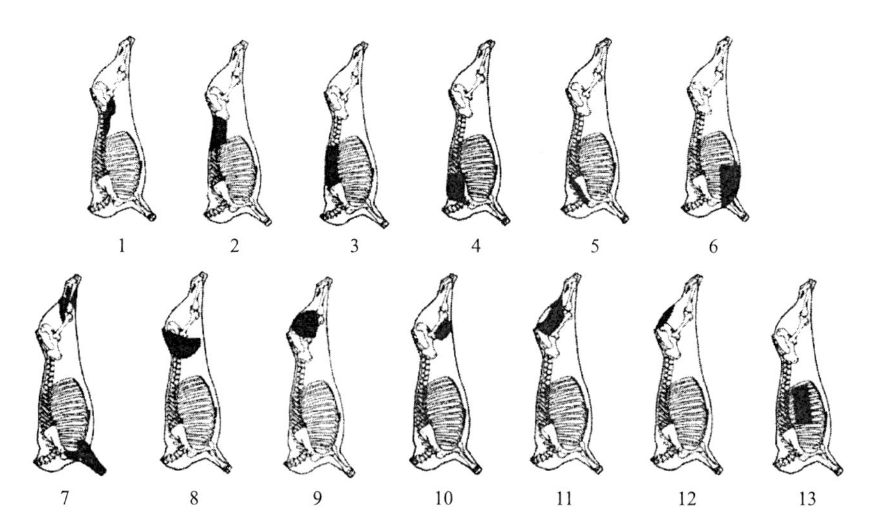

图 2-3 我国牛肉分割图（黑色阴影部）

1—牛柳；2—西冷；3—眼肉；4—上脑；5—嫩肩肉；6—胸肉；7—腱子肉；8—腰肉；9—臀肉；10—膝圆；11—大米龙；12—小米龙；13—腹肉

（1）牛柳　牛柳又称里脊，即腰大肌。分割时先剥去肾脂肪，沿耻骨前下方将里脊剔出，然后由里脊头向里脊尾逐个剥离腰横突，取下完整的里脊。

（2）西冷　西冷又称外脊，主要是背最长肌。分割时首先沿最后腰椎切下，然后沿眼肌腹壁侧（离眼肌 5～8 厘米）切下。再在第 12～13 胸肋处切断胸椎，逐个剥离胸椎、腰椎。

（3）眼肉　眼肉主要包括背阔肌、肋最长肌、肋间肌等。其一端与外脊相连，另一端在第 5～6 胸椎处，分割时先剥离胸椎，抽出筋腱，在眼肌腹侧距离 8～10 厘米处切下。

（4）上脑　上脑主要包括背最长肌、斜方肌等。其一端与眼肉相连，另一端在最后颈椎处。分割时剥离胸椎，去除筋腱，在眼肌腹侧距离6～8厘米处切下。

（5）嫩肩肉　主要是三角肌。分割时循眼肉横切面的前端继续向前分割，可得一圆锥形的肉块，便是嫩肩肉。

（6）胸肉　胸肉主要包括胸升肌和胸横肌等。在剑状软骨处，随胸肉的自然走向剥离，修去部分脂肪积成一块完整的胸肉。

（7）腱子肉　腱子分为前、后部分，主要是前肢肉和后肢肉。前牛腱从耻骨端下刀，剥离骨头；后牛腱从胫骨上端下切，剥离骨头取下。

(8) 腰肉　腰肉主要包括臀中肌、臀深肌、股阔筋膜张肌。在臀肉、大米龙、小米龙、膝圆取出后，剩下的一块肉便是腰肉。

(9) 臀肉　臀肉主要包括半膜肌、内收肌、股薄肌等。分割时把大米龙、小米龙剥离后便可见到一块肉，沿其边缘分割即可得到臀肉。也可沿着被切断盆骨外缘，再沿本肉块边缘分割。

(10) 膝圆　膝圆主要是臀股四头肌。当大米龙、小米龙、臀肉取下后，能见到一块长圆形肉块，沿此肉块周边（自然走向）分割，很容易得到一块完整的膝圆肉。

(11) 大米龙　大米龙主要是臀股二头肌。与小米龙紧接相连，故剥离小米龙后大米龙就完全暴露，顺该肉块自然走向剥离，便可得到一块完整的四方形肉块，即为大米龙。

(12) 小米龙　小米龙主要是半腱肌，位于臀部。当牛后腱子取下后，小米龙肉块处于最明显的位置。分割时可按小米龙肉块的自然走向剥离。

(13) 腹肉　腹肉主要包括肋间内肌、肋间外肌等，也即肋排，分无骨肋排和带骨肋排。一般包括4～7根肋骨。

(四) 不同畜禽的有害腺体的识别处理

动物的有害腺体有甲状腺、肾上腺和病变淋巴腺。

1. 甲状腺

(1) 猪甲状腺　猪甲状腺有两个，在颈部上中部，位于喉短管的腹侧，胸骨柄前上方，气管交接处的两侧，附着在喉头上。腺体扁平、红色，每个重8～10克，外观可分左、右两叶，中间由峡部相连，被覆有结缔组织膜，并伸入腺体内，将腺体分成若干小叶，每小叶内含有许多腺泡，呈囊状，其形状可随机能而改变。甲状腺长4.0～4.5厘米、宽2.0～2.5厘米、厚1.0～1.5厘米，含有甲状腺素，有毒。人误食甲状腺易引起中毒，造成代谢紊乱，机能失调。误食1/6甲状腺，便能出现中毒症状。猪甲状腺构造见图2-4。

(2) 牛甲状腺　位于气管和食管前端的两侧，呈不规则的三角形，长6～7厘米、宽5～6厘米、厚1.5厘米。腺峡较发达，由腺组织构成。

(3) 马甲状腺　位于喉的后部，在前3～4个气管环的两侧，可分为两个侧叶和连接两个侧叶的腺峡。侧叶呈红褐色，卵圆形，长3.4～4厘米、宽约2.5厘米、厚约1.5厘米。腺峡不发达，由结缔组织构成。

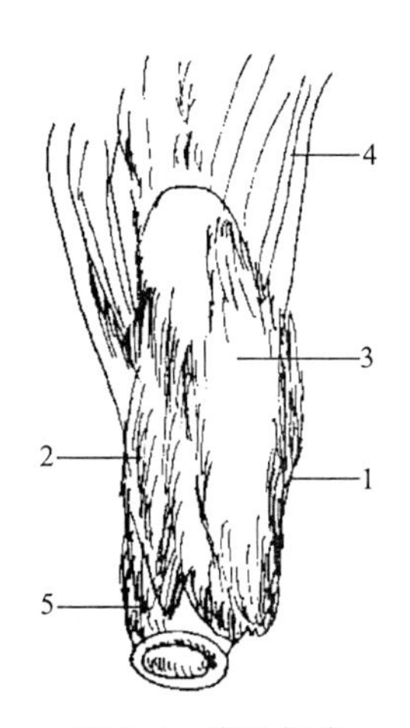

图 2-4　猪甲状腺

1—左叶；2—右叶；3—峡；4—喉；5—气管

2. 肾上腺

（1）猪肾上腺　位于左、右两肾内侧前方，较长，大体呈三棱形，土黄色，外表有结缔组织覆膜。腺外层为皮质部，土黄色；内部为髓质部，褐红色。一般两侧腺体共重 6.5 克，为有害腺体，人食用后可引起中毒。猪肾上腺构造见图 2-5。

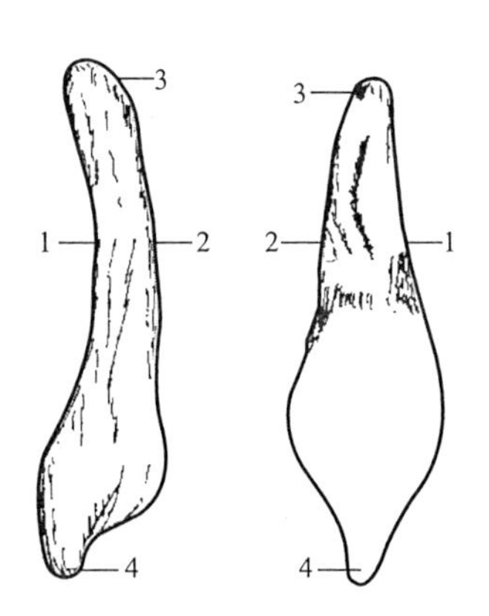

图 2-5　猪肾上腺（背侧图）

1—外侧缘；2—内侧缘；3—颅侧缘；4—尾侧缘

（2）牛肾上腺　牛有两个肾上腺，形状、位置各不相同。右肾上腺呈心形，位于右肾的前端内侧；左肾上腺呈肾形，位于左肾的前方。

（3）马肾上腺　呈长扇圆形，红褐色，位于肾内侧缘的前方。

3. 病变淋巴腺

淋巴系统是家畜有机体坚强的防病屏障之一，分布于全身。淋巴结的病理变化不但是评价肉品卫生质量的重要依据，而且也是牲畜发病的首要标志。根据淋巴结的特征，便可查明畜体患病的情况以及病在体内扩展的程度。如局部淋巴结呈现病变，表明其受管辖的局部组织或器官患病。为了对屠畜做出正确的卫生评定，不仅要了解淋巴结的分布，更要知道每个淋巴结、汇集淋巴的区域及其在各种病变损害时所表现的特征性病变。

（1）充血　淋巴结肿胀、发硬，表面发红或出现血丝，切面呈不同程度的暗红色，按压时从切面渗出血滴，出现于发炎初期。

（2）水肿　淋巴结肿大，切面苍白隆凸，质地松软，并流出大量透明液汁。

（3）浆液性炎　淋巴结显著肿大，质地松软，切面红润，有时有出血点，按压时流出黄色或淡红色混浊液汁。

（4）出血性炎　淋巴结肿大，外表发红，切面或表现为初膜下及小梁沿线的发红（即大理石样变，多见于猪瘟），或表现为暗红色斑点散在其中，或呈现不同程度的弥漫性红染（多见于败血症及传染病的败血过程），质地通常多汁湿润。

（5）出血性坏死性炎　即在出血的基础上出现坏死性炎症过程。淋巴结通常肿大，质地变硬，切面干燥，呈砖红色，其中间有一个或数个灰黄色、灰黑色或紫红色斑纹状或巢状坏死灶。

（6）化脓性炎　淋巴结质地柔软，表面和切面上可见到大小不等的黄白色脓肿，挤压有脓汁流出。严重时整个淋巴结变成一个大脓肿。

（7）急性增生性炎　淋巴结肿大、松软，切面隆凸、多汁（浆液渗出），似有很多灰白色颗粒，有时还可见到黄色坏死小点。由于整个淋巴结的质地、色泽犹如脑髓，故有“髓样变”之称。

（8）急性变质性炎　淋巴结肿大、软化，切面呈褐红色，实质易于刮下，似粥样，有的区域可见到坏死灶。

（9）慢性增生性炎　这种变化往往是某些病变损害的一种结果。由于病灶周围增生大量结缔组织，致使淋巴结剧烈肿大变硬、切面灰白，其中间有粟粒至蚕豆大的结节。结节中心坏死呈干酪样，并往往钙化。有时整个淋巴结呈干酪样或钙化，甚至化脓。

（五）原料肉的卫生质量标准

制作肉制品的原料指畜禽的躯体肉、分割肉。这种鲜、冻躯体肉和鲜、冻分割肉必须是经过防疫部门兽医检验合格并且是符合国家标准的才能使用。不论何种熟肉制品都与原料肉的卫生、质量情况有直接的关系，不但与屠宰质量有关，也与分割、贮藏、包装、运输等许多因素有关。因此在制作肉制品时，首先要确认原料肉的品种、质量、有无污染和变质等。对已污染的原料肉，属于表面污染，不影响制品质量的，要保证去除污染后再使用；污染较重或发生变质腐败的肉，不能使用的，要坚决进行无害化处理，否则对肉制品的质量、食品的安全性和消费者的健康都有影响。因此正确识别原料肉的质量是非常重要的，必须了解常用原料肉的卫生质量标准。

原料肉的新鲜程度对肉制品的质量有直接影响。新鲜的原料肉制成的产品质量有保障。衡量原料肉的质量主要有两方面指标：理化指标和感官指标。

1. 原料肉的理化指标

（1）猪肉理化指标　详见表2-1。

表2-1　猪肉理化指标

项目	1级	2级	3级
挥发性盐基氮/(毫克/100克)	≤20	≤20	≤20
汞(以汞计)/(毫克/千克)	≤0.05	≤0.05	≤0.05

（2）牛肉、羊肉、兔肉理化指标　详见表2-2。

表2-2　牛肉、羊肉、兔肉理化指标

项目	标准
挥发性盐基氮/(毫克/100克)	≤20
汞(以汞计)/(毫克/千克)	≤0.05

（3）冻、鲜鸡肉理化指标　详见表2-3。

表2-3　冻、鲜鸡肉理化指标

项目	一级鲜度	二级鲜度
挥发性盐基氮/(毫克/100克)	≤15	≤20
汞(以汞计)/(毫克/千克)	≤0.05	

2. 原料肉的感官指标

感官指标是指用感觉器官来鉴别的指标，通过目测、鼻闻、手摸、口尝来确认。

（1）猪肉感官指标　详见表2-4。

表 2-4 猪肉感官指标

项目＼类别	鲜猪肉	冻猪肉
色泽	肌肉色泽鲜红或深红，有光泽，脂肪呈乳白色或粉白色	肌肉有光泽，色鲜红；脂肪呈乳白色，无霉点
组织状态	纤维清晰，有坚韧性，指压后凹陷立即恢复	肉质紧密，有坚韧性，解冻后指压凹陷恢复较慢
黏度	外表微干或湿润，不粘手	外表及切面湿润，不粘手
气味	具有鲜猪肉固有的气味，无异味	具有猪肉正常气味
煮沸后肉汤	澄清透明，脂肪团聚于表面，具有香味	澄清透明或稍有混浊，脂肪团聚于表面，无异味

（2）牛肉、羊肉、兔肉感官指标　详见表 2-5。

表 2-5 牛肉、羊肉、兔肉感官指标

项目＼类别	鲜牛、羊、兔肉	冻牛、羊、兔肉
色泽	肌肉有光泽，红色均匀，脂肪白色或微黄色	肌肉有光泽，红色或稍暗，脂肪洁白或微黄色
组织状态	纤维清晰，有坚韧性	肉质紧密、坚实
黏度	外表微干或湿润，不粘手，切面湿润	外表微干或有风干膜，或外表湿润不粘手，切面湿润不粘手
气味	具有鲜牛肉、羊肉、兔肉固有的气味，无臭味、无异味	解冻后具有牛肉、羊肉、兔肉固有的气味，无臭味
弹性	指压后凹陷立即恢复	解冻后指压凹陷恢复较慢
煮沸后肉汤	澄清透明，脂肪团聚于表面，具特有香味	澄清透明或稍有混浊，脂肪团聚于表面，具特有香味

（3）鲜鸡肉感官指标　详见表 2-6。

表 2-6 鲜鸡肉感官指标

项目	一级鲜度	二级鲜度
眼球	眼球饱满	眼球皱缩凹陷，晶体稍混浊
色泽	皮肤有光泽，因品种不同而呈淡黄、淡红、灰白或灰黑等色，肌肉切面发光	皮肤色泽转暗，肌肉切面有光泽
黏度	外表微干或微湿润，不粘手	外表干燥或粘手，新切面湿润
弹性	指压后的凹陷立即恢复	指压后的凹陷恢复缓慢，且不能完全恢复
气味	具有鲜鸡肉正常气味	无其他异味，唯腹腔内有轻度不愉快气味
煮沸后肉汤	透明澄清，脂肪团聚于表面，具特有香味	稍有混浊，脂肪呈小粒浮于表面，香味差或无鲜味

（4）冻鸡肉感官指标　详见表 2-7。

表 2-7 冻鸡肉感官指标

项目	一级鲜度	二级鲜度
眼球	眼球饱满或平坦	眼球皱缩，晶体状稍混浊
色泽	皮肤有光泽，因品种不同而呈淡黄、淡红或灰白等色，肌肉切面发光	皮肤色泽转暗，肌肉切面有光泽
黏度	外表微湿润，不粘手	外表干燥或粘手，新切面湿润

续表

项目	一级鲜度	二级鲜度
组织状态	指压后的凹陷恢复慢，且不能完全恢复	肌肉发软，指压后凹陷不能恢复
气味	具有鸡肉正常气味	无其他异味，唯腹腔内有轻度不愉快气味
煮沸后肉汤	透明澄清，脂肪团聚于表面，具特有香味	稍有混浊，油珠呈小粒浮于表面，香味差或无鲜味

三、腌腊肉制品中常用的辅料

腌腊肉制品种类不同，除原料配比不同外，重要的是辅料的运用。不同辅料形成不同风味、口感、品质、色泽的产品种类。腌腊肉制品中使用的辅料种类很多，可以分为调味料、香辛料、充填料、食品添加剂等。

腌腊肉制品中辅料包括植物性原料（各种植物的根、茎、叶、花、籽、果、皮等）和矿物性原料（盐、碱、硝）等，种类繁多，其性质、作用和用法各不相同。辅料的巧妙调配、合理使用，可以改善肉制品结构和风味，使之各具特色。同时，对丰富产品品种，提高产品质量，增加产品营养成分，便于产品保存、运输和销售等方面都具有很重要的意义。

对腌腊肉制品生产使用的辅料要求无污染、无虫害、无毒、无霉斑，符合食品卫生要求，严禁使用腐败变质的辅助原料。要按照产品的特点、质量和标准来合理选择原料与辅料，以确保产品的风味特色和规格质量。同时要了解原料、辅料的性质、特点与作用，合理利用原料与辅料，做到既符合卫生条件和质量标准，又能充分发挥原料、辅料的使用价值和经济价值。

（一）调味料

调味料主要有食盐、食糖、酒、酒、酱油、酱、味精等。

1. 食盐

化学名称为氯化钠，根据其产地和制法可分为海盐、井盐、池盐、矿盐及精制盐和加工盐等。纯净的食盐，色泽洁白，呈透明状，无苦涩味。

食盐是肉制品加工中必不可少的咸味剂，使用得当，有助于提高和强化肉的保水力与结合力，增加制品风味。同时，食盐还具有抑制微生物繁殖、杀菌防腐的作用，使制品易于贮存。食盐在肉制品中的用量，一般在腌腊肉制品中添加量为3％～5％，西式火腿、灌肠类制品中添加量为1.8％～2.2％，酱卤类制品中为2％～5％。

2. 食糖

糖易溶于水，甜味，口感好。在肉制品中适量添加可以在味觉上与其他调味品取得平衡，可使肉制品松软、增加色泽。从形状上可分为砂糖、绵糖和糖粉；从色泽上可分为白糖、黄糖和红糖；从原料上可分为蔗糖、果糖、麦芽糖和蜂蜜。肉制品生产中，食糖是一种重要的风味改良剂。食糖在肉制品中的用量，腊肠等腌腊肉制品中1%～5%，灌肠制品1%～2%，酱制品2%～5%，干制品2%～8%，糖排等制品6%～10%。在广式香肠、苏式酱汁肉、太苍肉松等肉制品中，糖是必不可少的调味料。

3. 酒

酒具有醇香味，主要成分为乙醇，还有高级醇、酯、酸、醛等。加适量的酒，可使肉制品有特殊的醇香及其他特殊香味，还可以去除一些异味，改善滋味，增加香气。常用的酒类主要有料酒（黄酒类）、曲香白酒、葡萄酒等。西式肉制品加得较多的则是朗姆酒。加量因品种不同而不同，一般为1%～3%。

4. 酱油

酱油按生产工艺可分为发酵酱油、化学酱油和固体酱油三类，是使用很广的调味品。酱油的主要成分由盐、多种氨基酸、有机酸、香料及色素组成，既有咸味，又有鲜味和香味。酱油是一种具有独特风味和色泽的调味品。

肉制品生产中，根据产品特色加入适量酱油，可以改善制品风味和色泽，从而增强制品特色。同时，酱油也具有一定的营养价值。

5. 酱

按其原料不同分为豆类酱、面酱、虾酱、番茄酱、果酱等。含有丰富的蛋白质、脂肪、碳水化合物、矿物质和多种维生素等。肉制品生产中，酱对丰富产品种类、突出产品特色具有一定的作用，可根据产品类型按需求添加。

6. 味精

化学名称为谷氨酸钠，是通过发酵合成法生产出的一种无色或白色的柱状结晶或粉末，是一种鲜味剂。根据谷氨酸钠含量分为60%、80%、95%、99%等不同的规格。味精呈微酸性，易溶于水，在70～90℃温度范围助鲜作用最大。但是，味精在碱性溶液中能生成谷氨酸二钠，不仅没有鲜味，反而有不良气味，失去调味的作用；其次，味精在水中久沸或122℃以上时会脱水生成焦谷氨酸钠而产生微量的毒素，从而得不到应有的助鲜效果。因此，在肉制品生产中，应根据原料肉种类、鲜度及其调味品的使用量，合理、正确使用味精，以达到助鲜目的，确保产品鲜度。在肉制品中，味精主要是增加肉制品的鲜味，使用量0.15%～0.25%为宜。

7. 肌苷酸钠和鸟苷酸钠

两种物质均属核酸类物质，比味精产生的鲜味强很多。与味精按比例混合使用效果好，使肉制品更鲜美。一般与味精一起使用，用量为味精用量的1/50或1/100。

（二）香辛料

香辛料是香味料和辛味料的总称，由植物的根、茎、叶、花、果、籽、皮或其制品等组成，具有芳香、辛味和营养价值。使用香辛料，可以去除某些原料肉的腥味和膻味，抑制和矫正肉品不良气味，能给肉制品增添各种香气和滋味，有增进人的食欲和消化功能的作用。香辛料是熟肉制品加工过程中不可缺少的辅料之一。例如五香料、十三香、卤料等，就是选择八角、肉桂、陈皮、肉蔻、丁香、白芷、砂仁、小茴香等天然香辛料组成。

各类肉制品中都需要加香辛料，只因产品不同，加的香辛料品种也不同，添加量也随之不同。例如辛辣香辛料：胡椒、姜、芥末、辣椒，用量一般在0.03%～0.2%；芳香型、辛辣型混合香辛料：香辣椒、肉豆蔻、丁香、麝香草等，用量一般在0.02%～0.1%；芳香型香辛料：芫荽、鼠尾草、月桂叶、小茴香、大茴香，具有特殊的芳香气味，加入适量可以明显改善产品风味，用量一般是0.02%～0.05%。

1. 花椒

花椒，又称香椒，为芸香科花椒树的果实。花椒分大椒和小椒两种，一般在秋季果实成熟后采收。主要产地在我国四川、陕西、河北、河南、云南等省。花椒呈红色或淡红色，具有特殊强烈的芳香气味。生花椒呈麻味，炒熟后香味才溢出，是常用的调味香料，多用于酱卤制品，灌肠中使用较少。花椒既能单独使用，如花椒粉等，又能与其他调味品制成复合调味料，如五香粉等。

2. 大茴香

大茴香，又叫八角或大料，是木兰科茴香树的果实，产于我国广西、广东、福建等省（区）。大茴香长有八个角，形状似星，颜色紫褐，有光泽，稍有甜味，具有强烈的芳香气味。大茴香在肉制品加工中应用广泛，

能去腥，增加肉的香味，而且也是加工制作五香料的主要原料。

3. 小茴香

小茴香是伞形科草本植物茴香的成熟果实，主要产于我国甘肃、内蒙古、四川、山西等地。小茴香形状是4～8毫米具有5棱的长圆形，颜色呈灰色，稍带甜味，香味浓郁。适用于腥膻味强的肉制品，有去腥解膻作用。

4. 丁香

丁香是桃金娘科丁香树的干燥花蕾。我国广东、广西有栽培。当花蕾呈鲜红色时采集，去除花梗后晒干即为丁香，含有挥发性丁香酚、丁香烯，具有浓烈的香气。磨碎后加入制品中，香气更为显著。但丁香对亚硝酸盐有消色作用，所以只在酱卤制品和少数不经腌制的灌肠制品中使用。

5. 肉桂

肉桂，又叫安桂、玉桂、树桂、桂皮，是樟科植物肉桂树的树皮，皮外表灰棕色，有细纹及小裂纹，内皮红棕色，芳香而味甜辛，主要产于广西、广东、福建、浙江等地。在肉制品的加工中，肉桂是一种主要的调味香料，能增加特殊的香气和风味。同时，肉桂还具有一定的药用价值。

6. 肉豆蔻

肉豆蔻，又叫肉果、肉蔻、豆蔻，为常绿乔木豆蔻树的果实种子，呈椭圆形，红褐色或深棕色，外表有浅色不规则沟纹，质地坚硬，断面呈大理石样花纹，气味极芳香，主要产于印度尼西亚、巴西、印度、马来西亚等地。在肉制品加工中加入肉豆蔻有很强的调味作用。

7. 砂仁

砂仁，又叫小豆蔻，为姜科多年生草本植物阳春砂的果实，主要产于我国广东、广西、云南、福建、四川等地。尤以广东阳春县所产砂仁最著名。砂仁呈椭圆形，棕红色，气味芳香浓烈，是肉制品加工中的一种主要调味香料。含砂仁的制品食之清爽可口，风味别致，且口感清凉。

8. 白芷

为伞形科当归属植物杭白芷、川白芷、兴安白芷的根。秋季叶黄时挖出根后，除去须根，洗净晒干或趁鲜切片晒干。白芷外皮黄褐，切面含粉质，香气浓厚，在酱卤制品中是常用的香料，因其气味芳香有去腥的作用。

9. 月桂叶

月桂叶，又叫香叶，为一种月桂树的树叶，主要产于地中海沿岸及南欧各国。月桂树叶随时可采，阴干即成，有肉桂香气。

10. 山萘

山萘，又叫沙姜、山辣，产于我国广东、广西、云南、台湾等地。山萘为多年生草本植物，每年秋季苗枯时挖出根茎，加工成片，晒干即成。山萘切面白色，粉性，光滑细腻，中央略突起，质坚且脆，味辛辣，有樟脑香气。酱卤类肉制品常用其作香辛料。

11. 生姜

为姜科多年生草本植物姜的新鲜根茎，肥厚扁平，黄色，有芳香和辛辣味，具有调味去腥、增香、解毒、散寒等作用。在肉制品生产中常用于红烧、酱制，也可将其榨成姜汁或制成姜末加入灌肠制品增加风味。同时，生姜具有抗氧化能力和阻断亚硝酸胺合成的特性。

12. 葱

葱，又叫大葱，为百合科葱属植物的鳞茎及叶，具有强烈的辛辣味。在肉制品中添加葱，有增加香味、除去腥膻味的作用，广泛用于酱制、红烧等制品。

13. 大蒜

多年生草本植物。大蒜特有的辛辣味，可起到压腥去膻的调味作用，并有增进食欲、帮助消化和杀菌的作用。肉制品生产中常将大蒜捣成蒜泥后使用，以增加香味或形成特殊风味制品，如欧式灌肠、中式蒜泥白肉等。

14. 胡椒

为多年生藤木植物胡椒的果实，呈球形，当果实还未成熟时，干制后果皮皱缩呈黑色（黑胡椒），果熟时去掉红色皮后呈白色（白胡椒）。胡椒有辛辣味，在肉制品生产中常使用。

15. 五香粉

五香粉是由多种香辛料配制而成的混合香料。其配方因地区不同而有所不同。

16. 咖喱粉

咖喱粉是混合香辛料，以姜黄、白胡椒、小茴香、桂皮、八角、花椒、豆蔻、芫荽等多种单味香辛料配制研磨成粉状，呈黄色，味辛辣。

（三）充填料

充填料的作用是使肉制品增味，增加黏结性，提高保水力，改善品质，还可增重，降低成本。常用的充填料有淀粉、植物性蛋白质、酪蛋白、卵蛋白、食用胶类等。

1. 淀粉

肉制品加入淀粉可提高黏结性，使肠馅黏结性好，肠体坚实，能保水保油，多吸收水和游离的油，提高出品率。淀粉的种类很多，由含水量多少可分为湿淀粉（即团粉）和干淀粉。干淀粉好保管、贮存。淀粉中以玉米淀粉、绿豆淀粉、马铃薯淀粉、红薯淀粉、木薯淀粉使用较多。还有其他淀粉如豌豆淀粉、蚕豆淀粉、小豆淀粉、菱角淀粉等。绿豆淀粉制作肉制品性质最好，制品弹性大，肉馅紧密，切面光而亮，但价格贵，原料源少。改性淀粉是将玉米淀粉、马铃薯淀粉经交联反应，使其胶黏性、加工性能改善，提高使用性能。改性淀粉用于肉制品，对制品弹性、风味等都有改善。在肉制品中淀粉的添加量随制品品种的不同而不同，在腌腊肉制品中，除个别腊肠有极少量使用外，一般不添加。

2. 植物性蛋白质

常用的植物性蛋白质主要有大豆蛋白、花生蛋白、小麦蛋白、芥末蛋白粉等。这类蛋白质一般是经过处理，消除异味后使用。肉制品中添加植物性蛋白质的作用是保水保油、乳化和改善风味。肉制品中常用的植物性蛋白质主要是大豆蛋白。大豆蛋白可分为三种：一种是组织蛋白，含蛋白质50%左右，这种蛋白质是粒状；另一种是脱腥的大豆蛋白，含蛋白质60%～65%，一般是粉状；还有一种是分离大豆蛋白，蛋白质含量在75%～80%。在一些肉制品中常使用的是后两种，使用量一般在2%～5%，但在腌腊肉制品中不添加。

3. 酪蛋白

酪蛋白是从乳汁中沉淀出的蛋白质，营养价值高。加入酪蛋白可以改善口感，增加乳化性。在一些肉制品中添加量一般在1%～2%，但在腌腊肉制品中不添加。

4. 卵蛋白

卵蛋白是有黏度的水溶性蛋白质，水分约占86%。肉制品加工中也可使用其干粉。其作用是增加蛋白质含量，改善制品的质地和弹性等，但在腌腊肉制品中一般不添加。

5. 食用胶类

包括骨胶和明胶等动物胶，以及卡拉胶等植物胶。这类胶蛋白质含量高，约在75%以上。具有一定的凝结力、弹性，可增加肉品的弹性和切面的硬度。植物胶主要有卡拉胶、瓜尔豆胶、果胶、海藻酸钠、琼脂等。其成分为多糖类物质，具有保水性、黏结性和弹性。在一些肉制品中动物胶加量为0.5%～2.0%。植物胶以卡拉胶、瓜尔豆胶为多，在一些肉制品中添加量为0.1%～0.5%，但在腌腊肉制品中一般不添加。

（四）食品添加剂

食品添加剂指为改善食品品质和色、香、味，以及为防腐和加工工艺的需要而加入食品中的化学合成物质或天然物质。这些物质在产品中必须不影响食品营养价值，并且有防止食品腐败变质、增强食品感官性状或改善食品质量的作用。

鉴于有些食品添加剂具有一定的毒性，应尽可能不用或少用，必须使用时应严格遵守国家颁布的《食品添加剂使用卫生标准》中的规定，严格控制使用范围和使用剂量。

食品添加剂种类繁多，可以使用以及使用量和范围在《食品添加剂使用卫生标准》中有明确规定。这里只重点介绍用于肉制品加工中常用的一些食品添加剂。由于使用的添加剂品种不同，对肉制品所产生的作用也就各不相同。

1. 发色剂

在肉制品加工中，为求得产品有鲜艳色泽，经常使用硝酸盐和亚硝酸盐作发色剂。它们与肉中的血红素相互作用生成鲜艳的玫瑰红色物质。发色剂在肉制品生产中不仅起发色作用，而且具有一定的杀菌、防腐和增香效果，同时，还可增加制品的弹性和抗氧化性。

此类添加剂是毒性较大的化合物之一，安全性评估小白鼠经口LD_{50}（半数致死量）为220毫克/千克，ADI暂定0～0.2毫克/千克。亚硝酸盐进入血液后使血红蛋白中二价铁（Fe^{2+}）变成三价铁（Fe^{3+}），即正铁血红蛋白，失去携带氧的功能，导致组织缺氧，潜伏期0.5～1小时。症状为头晕、恶心、呕吐、全身无力、心悸、全身皮肤发紫，严重者呼吸困难，血压下降，抽搐昏迷，如抢救不及时，会因呼吸衰竭而死亡。因此硝酸盐、亚硝酸盐要有专人保管，按毒品规定管理，注意密封、干燥、防热，必须严格遵守国家标准的规定使用。

（1）硝酸盐　常用的有硝酸钾或硝酸钠，是强氧化剂，与还原剂混合易产生爆炸。硝酸盐为白色结晶，易溶于水，稍有咸味，属危险品类物质，应妥善保管。在腌制普通规格制品或酱制品中，常通过引火使之自燃，主要是促进其还原变成亚硝酸盐（$NO_3^- \longrightarrow NO_2^-$）。肉中的硝酸盐在微生物的作用下，由硝酸盐变成亚硝酸盐，亚硝酸根与肉中的肌红蛋白作用，生成稳定的亚硝基肌红蛋白络合物，这是一种鲜红色物质。硝酸盐在肉制品中使用，添加量不得超过 0.5 克/千克。

（2）亚硝酸钠　亚硝酸钠分子式 $NaNO_2$，为白色结晶体或结晶性粉末，易溶于水，吸湿性强，稍有咸味。也是强氧化剂，与还原性物质混合易产生爆炸。有剧毒，属危险品，应妥善保管。在肉制品中添加亚硝酸盐后，亚硝酸根（NO_2^-）与肌肉中的肌红蛋白作用，生成亚硝基肌红蛋白络合物，此物质为鲜红色，使肉色变得鲜红。肉制品中亚硝酸盐最大使用量为 0.15 克/千克，允许最高残留量不得超过 30 毫克/千克。

2. 助发色剂

肉类制品中加入助发色剂，可加速和增强腌制剂发色效果，稳定制品的色泽，还可预防肉的氧化，稳定肉制品的品质。该类助发色剂正常剂量对人无毒害作用，常使用的主要有抗坏血酸、异抗坏血酸及它们的钠盐，以及烟酰胺等。

（1）抗坏血酸、抗坏血酸钠　抗坏血酸及其钠盐，即维生素 C 及其钠盐，具有很强的还原性，可保持肉的还原状态，与 NO 一起保持肉的鲜红色，一般用量为 0.02%～0.05%。

（2）异抗坏血酸、异抗坏血酸钠　是抗坏血酸及其钠盐的异构体。性质及助发色效果与抗坏血酸及其钠盐的作用没有什么差异。用量为 0.02%～0.05%。

（3）烟酰胺　是维生素 B 的一种，与抗坏血酸钠同时使用效果更佳，有促进发色、防止褪色的作用。用量为 0.02%～0.05%。

3. 增稠剂

增稠剂（赋形剂或填充剂）是改善和稳定肉制品的物理性状或组织状态的物质。在肉制品生产中，经常使用的增稠剂主要包括：淀粉（绿豆淀粉、玉米淀粉、马铃薯淀粉、山芋淀粉等）、食用明胶、琼脂、禽蛋及大豆蛋白等。

在肉制品（主要指灌肠类制品）生产中加入增稠剂，可起到增加黏着性和保持水分双重作用，使产品结构紧密，富有弹性，切面平整美观，鲜嫩适口。同时，对改善制品风味、提高成品率、降低产品成本、增加经济效益也有一定的作用。增稠剂用量在一些肉制品中不受限制，可以按产品的需要加入，但在腌腊肉制品中一般不使用。

4. 防腐剂

防腐剂又称保存剂。目前国家标准中已有正式批准的肉类防腐剂，常用的有山梨酸、山梨酸钾、乳酸链球菌素等，可抑制细菌生长，延长产品保存期。安全性评估大白鼠经口 LD_{50} 山梨酸为 10500 毫克/千克、山梨酸钾为 5800 毫克/千克，ADI 0～25 毫克/千克（以山梨酸总量计）。山梨酸及其盐类是一种不饱和脂肪酸，在体内参加正常的机体代谢，基本上和天然不饱和脂肪酸一样，可以在体内被代谢为二氧化碳和水，故可以把山梨酸看成是食品成分。乳酸链球菌素是一种天然生物添加剂，可以被认为对人体无害。但任何抑菌剂都有其局限性，且是被动的，根本的办法是减少污染和采取灭菌措施。山梨酸在水中溶解度较小，所以一般采用山梨酸钾。在肉类制品中，山梨酸钾最大用量不超过 2 克/千克，乳酸链球菌素为 0.5 克/千克。

5. 着色剂

在肉制品生产中，为使制品具有鲜艳的色泽，也有使用着色剂的。着色剂分为天然色素、人工合成色素和生物色素。我国肉制品加工中允许使用的天然色素包括红曲米、姜黄素、红辣椒红素、焦糖色素等。

（1）天然色素　天然色素是从天然植物中提取的色素，有高粱红、辣椒红、花生红衣红、姜黄、玫瑰葡萄紫等。它们的添加量一般为 10～50 毫克/千克。

（2）人工合成色素　对人工合成色素的使用，国家有严格规定，肉制品中不准使用。但对出口产品，可根据对方要求，限量使用。主要的人工合成色素有苋菜红、柠檬黄、胭脂红、靛蓝等。使用限量为 10～30 毫克/千克。其安全性评估为胭脂红毒性大白鼠经口 LD_{50} 为 8000 毫克/千克，ADI 为 0～125 毫克/千克。柠檬黄大白鼠经口 LD_{50} 为 2000 毫克/千克，ADI 为 0～7.5 毫克/千克，单独或与其他色素混合使用时，最大使用量为 100 毫克/千克。

（3）生物色素　指以微生物发酵生产的色素，如红曲米（红曲粉）、红曲液。这种色素比较安全，可用在某些腊肠以及酱卤制品中，可使制品着上红色，其用量在 30～100 毫克/千克。其安全性评估小白鼠经口 LD_{50} 为7000毫克/千克。实验几乎无毒性。置于密封干燥处保存。

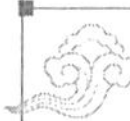

6. 抗氧化剂

在肉制品生产中添加抗氧化剂可以抑制制品的氧化作用，防止肉制品变质酸败，延长贮存期和保证肉制品的正常气味。

目前，允许使用的化学抗氧化剂有丁基羟基茴香醚（BHA）、二丁基羟基甲苯（BHT）和没食子酸丙酯（PC）。这三种中以BHT的性质相对比较稳定，抗氧化效果好，是肉制品生产中一种比较理想的抗氧化剂。在实际生产中，常将这三种抗氧化剂混合使用或同时加入抗氧化增效剂（柠檬酸、抗坏血酸等），抗氧化效果更好。但一定要注意不能超过国家标准规定的使用量。

7. 结着剂

为提高肉制品的结着力，通常使用结着剂，主要为磷酸盐类等，在肉类制品中使用可增加肉的持水性，增进肉的结着力，减少营养成分的损失，保持肉的柔嫩性，此外还具有防止肉的氧化腐败、维生素分解等作用。肉制品中允许添加的磷酸盐有：酸性焦磷酸钠、焦磷酸钾、聚磷酸钾及钠、偏磷酸钠、磷酸钠、磷酸二钠、磷酸三钠等。在实际生产中一般使用复合型磷酸盐，在一些肉制品中加入量为0.2%～0.5%，但在腌腊肉制品中一般不添加。

国家每年都有新批准发布允许使用的食品添加剂，或者淘汰旧的添加剂。近几年在肉制品中，为提高口感香气，不少企业又在其制品中添加调料香精。这些肉味香料必须按照国家公布标准使用。这些肉味香料一般由香基、化学增香剂、填充物（载体）等组成，常使用的有粉剂、膏剂、液体（水溶性、油溶性）。从增香作用分有牛肉味、猪肉味、鸡肉味、鱼肉味、虾肉味、蟹肉味，以及葱油、蒜、味精、姜等，还有许多其他香料、香精等。使用这些香精、香料要注意使用方法及要求条件。一般肉味香料（粉状）的使用量为0.3%～0.5%。

四、 腌腊肉制品中的辅材

（一）包装材料

目前我国腌腊肉制品使用的包装材料种类很多，大致可分为直接包装材料和外包装材料。

1. 直接包装材料

主要指肠衣类。肠衣是肠类制品中和肉馅直接接触的一次性包装材料。制品的形态、卫生、质量、保藏性能、流通性能等，同肠衣的类型、质量有密切关系。腊肠等香肠类制品用的肠衣可分为天然肠衣和人造肠衣两大类。

2. 外包装材料

外包装材料是指产品最终的外表面使用的包装材料。外包装材料使用的目的是利于贮藏、运输、印刷装潢，便于出售，防灰尘等。一般经常使用的外包装材料有塑料薄膜、收缩性塑料薄膜、玻璃纸及纸制品等。

(二) 肠衣

1. 肠衣名称及其分类

肠衣是腊肠等肉制品的重要包装物。将原、辅料加工成馅料后灌入肠衣中，可制作成各种花色品种的肠制品。肠衣可保护内容物不受污染，减少或控制水分的蒸发而保持制品固有滋味；通过与肉馅的共同膨胀与收缩，使产品具有一定的坚实性和弹性等。要根据产品的档次、品质、规格要求，选择用何种肠衣更适合，就要了解和掌握各种肠衣的性能、适用范围、保存条件等，以制作出更理想的产品。

肠衣主要分为两大类：天然肠衣和人造肠衣。

(1) 天然肠衣　以牲畜的肠管、肚（胃）、膀胱（小肚）等为原料，经发酵、刮制、整修、腌制等方法，制成可供灌肠用的肠衣。以猪、牛、羊不同动物的肠管为原料制成的肠衣分别称为猪肠衣、牛肠衣、羊肠衣等。

① 猪肠衣　共分八路规格。一路：孔径 24～26 毫米；二路：孔径 26～28 毫米；三路：孔径 28～30 毫米；四路：孔径 30～32 毫米；五路：孔径 32～34 毫米；六路：孔径 34～36 毫米；七路：孔径 36～38 毫米；八路：孔径 38 毫米以上。

② 牛肠衣　为牛的大肠（结肠）、拐头（盲肠）、小肠（回肠）、膀胱、食管等制成，按牛肠孔径大小又分为四路。一路：孔径 40～45 毫米；二路：孔径 45～50 毫米；三路：孔径 50～55 毫米；四路：孔径 55 毫米以上。

③ 羊肠衣　羊肠衣分路与猪、牛肠衣分路相反，是以肠衣的孔径大小由大往小分路，每降 2 毫米为一路。一路为 26 毫米以上；二路为 24～26 毫米；三路为 22～24 毫米；四路为 20～22 毫米；五路为 18～20 毫米；六路为 16～18 毫米。

天然肠衣保管：干燥型肠衣在使用以前，必须放在干燥并适当通风的场所，注意防潮和防虫蛀损。盐腌型肠衣也应注意卫生通风、低温（3～

10℃）等贮存条件，并在适当时间变更摆放形式，以利盐卤浸润均匀，一般是用木桶保存。

（2）人造肠衣　人造肠衣可分为可食性肠衣和不可食性肠衣。

① 胶原肠衣　用动物的皮、骨胶原为原料。一般是用牛皮通过化学处理后，经机械加工制成管状的肠衣，有孔径从 16 毫米至 180 毫米等多种规格。

② 套管肠衣　用短的羊肠衣或猪肠衣，分纵横各 1～2 层贴于固定筒上制成套管（一头封死），常用的孔径规格为 80 毫米。

③ 塑料肠衣　用偏聚二氯乙烯、聚乙烯等为原料经熔化吹拉制成的肠衣，品种很多。

a. 尼龙肠衣　用尼龙 10～12 为原料制成的肠衣，孔径为 40～240 毫米。

b. 纤维素肠衣　以纤维为原料，经化学处理制成，孔径为 18～200 毫米。

c. 玻璃纸肠衣　是醋酸纤维肠衣，花色品种较少，使用量逐步减少。

d. 偏聚二氯乙烯膜　又名 PVDC 膜，是一种热缩性肠衣，分有片膜和筒膜。

e. 硝化纤维素肠衣　这类肠衣是以植物纤维（如棉绒纸浆）作原料制成的无缝筒状薄膜，分为黏胶肠衣和纤维状肠衣。

2. 肠衣加工特性及使用方法

各种肠衣制作的原料不同，加工工艺的不同，具有不同特性，适用范围不一样，使用方法各异。

（1）天然肠衣　用猪、牛、羊的肠管加工而成，特性如下：是肠管内黏膜底层具有韧性的皮质部分，可食用，可染色；有弹性，无孔洞，薄而结实；不附着脂肪和其他污物；有透气性，经烟熏出现良好色泽；长度、粗细大致相同，无异臭。

使用方法：天然肠衣使用前应先放在清水中反复漂洗，然后在水龙头上接一个吸液管，并插入肠衣的一端，用清水冲洗肠衣的内壁，充分去除黏附在肠衣上的盐分和污物。水洗后的肠衣一端按顺序放在容器的边缘上，另一端盘成团，用湿布盖上，防止干燥。

充填肉馅时，应尽量使肉馅均匀紧密地灌装到肠衣中，若肠内有气泡，用针刺放气。结扎时，也要扎紧捆实。

（2）人造肠衣

① 胶原肠衣　加工特性：可食性，为动物胶原制成，属蛋白质；规格化，可制成各种孔径的肠衣；能烟熏，色泽好，也可染色；与天然肠衣一样可与肉馅同时收缩。

使用方法：用前先在水里浸一下，使其复水后再进行充填。充填后发现肠衣内有气泡时，可以用针扎孔放气。结扎要实。

② 套管肠衣　加工特性：与天然肠衣基本相同。但是比较规格化，而且一端已经封死。

使用方法：使用前用水湿润一下。灌装时，把肠管全套在充填嘴上，用于握住套管，充填肉馅不要过满，留一段空管。扎口前应用手将肠体上下抚摸使其均匀。结扎要系好扣，扎实。

③ 塑料肠衣　此类肠衣均不可食用。这类肠衣包括尼龙肠衣、玻璃纸肠衣、纤维素肠衣、偏聚二氯乙烯（PVDC）膜、聚乙烯等。

a. 尼龙肠衣　加工性能有耐老化性、无味无臭、强度好，可制成各种规格，亦可印刷，有一定的透气性，但不能熏烟。用前应切成不同长短的筒状，预先扎好一端，可直接在各种充填设备上灌肠。

b. PVDC 膜　具有热缩性，耐高压，在 115℃以上，热收缩率好；透气性、透湿性低。可填充各类规格制品，强度一般，不能熏烟。有片膜和筒膜之分，片膜需用专用设备充填，筒膜可在各类充填机上使用。

c. 纤维素肠衣　可与肉同时收缩，与肉结合好，表面也可印刷，规格化好，加工收缩不可逆。用时可根据产品要求选择产品规格，充填后可以熏烟，有透气、透湿性。充填时需有一定的压力（0.2～0.6 兆帕）。

（三）烟熏料

主要用于腌腊烟熏肉制品的熏制，通过燃烧产生熏烟。烟熏料燃烧时对制品产生的作用：一是提供热源，起脱水干燥作用；二是熏烟中含有的醛、酮、酚等成分对肉制品起到助发色、上色、增香、增味，以及一定的抗氧、防腐作用。

烟熏料宜选用树脂含量少、烟味好，且防腐物质含量多的木材。针叶树类的木材，含有较多的树脂，易产生黑烟，使制品发黑；同时，烟分中带有苦味，影响制品口味，如油松木、樟木、落叶松木、杉木等，故不宜使用。柿子树、桑树等木材树脂含量虽不多，但烟熏时会产生异味，因此，这些树木也不宜作烟熏料。

常用烟熏材料以硬木为多，不用含树脂多的木材（如松木）。常用的种类有椴木、柞木、桦木、山毛榉木、小叶梣木、黄杨木、橡木等。除木质外，还可以用稻壳、山楂核等。为了取得好的效果，有时还要添加少量红糖等物，增加颜色效果。由于熏烤方法不一样，材料用量不一样，一般的烟熏室 1 小时需用木材 2～2.5 千克，有的产品还要加 0.3 千克糖。要根据产品、方法、熏烟量具体掌握烟熏材料使用量。

第三章　基本工艺与设备

一、 加工用具准备

1. 磨刀、 持刀剔骨的基本技术动作

磨刀要用专用的磨刀石。磨刀石有粗磨刀石、细磨刀石和油石三种。磨刀石粗的一面主要构成成分是黄沙，质地松而粗，多用于磨有缺口的刀和新刀开刃。平常磨刀时也先在粗磨刀石上磨。细磨刀石的主要成分是青沙，质地坚实，容易将刀磨快又不易损伤刀口。油石窄而长，是人工将非常坚硬的沙石合成制造的。一般磨刀时先在粗磨刀石上磨出锋口，再在细磨刀石上磨快，这样二者结合，能缩短磨刀时间。

将解冻或屠宰后经过冷却的肉，放在坚固的案子上，用锋利的尖刀将肉中的骨头全部剔出来，叫剔骨。剔骨的方法很多，有整剔、零剔和先草剔后修骨的方法。在肉类制品生产中，绝大部分采取整剔法。其优点是，剔骨效率高，骨头剔得净，原料利用率高，肉中央夹杂的骨屑少。

2. 磨刀的操作方法

磨刀前先将刀面上的油污擦洗干净，再把磨刀石安放平稳，以前面放置略低、后面略高为宜。磨刀石旁放一盆清水，磨刀时，右手持刀，左手按住刀面的前端，刀口向外放在磨刀石上，两手要按稳，以防脱手造成事故。然后在刀面和磨刀石上淋水，将刀刃紧贴石面，后部略翘起，将刀前推后拉。关键是用力要均匀。磨至石面起砂浆时再淋水继续磨，刀的两面及前、后、中部都要轮流均匀磨到，两面磨的次数要基本相同，只有这样，才能保持刀刃平直、锋利。刀磨完后要用清水洗净、擦干，然后将刀刃朝上。如果刀刃上看不见白色的亮光，表明已磨得锋利了，否则需继续磨。

二、 加工基本工艺

1. 腊肉类

（1）原料选择：可用于加工腊肉类肉制品的原料主要包括畜禽肉及其可食内脏的副产物。例如以猪肉为原料加工的腊肉，兔肉为原料加工的缠丝兔，鸭子为原料加工的板鸭，鸡肉为原料加工的风鸡等。

（2）上料：将盐、香辛料及食品添加剂等通过搽抹、浸泡、注射、滚

揉等方法附着在肉表面和内部的过程，这是影响后期产品风味的关键。良好的上料会使腌腊制品入味均匀，风味一致。因产品类型不同，辅料也不同，例如咸肉和风肉的辅料只有食盐。

（3）腌制：上料后的肉半成品在常温或低温下放置一段时间，使调味料、食品添加剂等与肌肉组织有效结合，并进一步在肌肉组织中通过扩散而均匀分布。腌制剂的配制是影响腌制效果的关键。

（4）风干或烘烤干燥：将腌制或上料后的肉半成品置于比较干燥的环境下，如通风口、干燥箱等处，使其中的水分慢慢蒸发。同时调味料、食品添加剂等成分进一步向肌肉组织扩散，肉半成品也在水分蒸发的同时重量逐渐变轻，并在肉表面形成一层较硬的保护膜。有的产品在风干过程中还适当烟熏，以赋予烟熏风味并延长产品保存期。

（5）熟成：经过失水的肉半成品再在常温下放置一段时间，使干燥后的肉半成品在微生物的作用下进一步成熟，并形成腌腊制品的天然风味。

（6）检验、包装及贮藏：按照产品卫生及质量标准对产品进行检测，合格产品包装后入库存放。

2. 腊肠类

（1）原料肉选择与修整：用于腊肠类产品加工的原料肉可以是新鲜肉、冷却肉或冻肉，若为冻肉，需经过解冻后方可使用。原料肉经过修整，去掉筋腱、骨头和皮，瘦肉用绞肉机绞碎，肥肉切成肉丁。肥肉切好后用温水清洗以除去浮油及杂质。

（2）配料腌制：中式香肠加工常用的配料有食盐、糖、酱油、料酒、硝酸盐、亚硝酸盐，使用的调味料有大茴香、豆蔻、小茴香、桂皮、白芷、丁香、山萘、甘草等。中式香肠中一般不加淀粉和玉米粉。腌制时按配料要求，将原料肉和辅料混合均匀，于腌制室内适时腌制。

（3）灌制：将肠衣套在灌肠机灌嘴上，把肉馅均匀地灌入肠衣中，并要掌握松紧程度，不能过紧或过松。中式香肠所用肠衣可用天然肠衣或胶原蛋白人造肠衣。使用天然肠衣时，干制肠衣在使用前需用温水浸泡，使之变软后再用于加工；盐渍肠衣在使用前用清水充分浸泡清洗，除去肠衣内外表面的残留污物及降低肠衣含盐量。

（4）捆扎及清洗：用排气针扎刺灌好的湿肠，排出内部空气，以避免在晾晒或烘烤时产生爆肠现象。然后按照产品规格用棉线或香草将香肠捆扎成一定长度。湿肠用温水漂洗除去表层油污，均匀地挂在晾晒或烘烤

架上。

(5) 风干或烘烤干燥：将悬挂好的香肠置于较干燥的环境下，如通风口、干燥箱等处，使其中的水分慢慢蒸发。同时调味料、食品添加剂等成分进一步向肌肉组织扩散，肉半成品也在水分蒸发的同时重量逐渐变轻，并在肉表面形成一层较硬的保护膜。有的产品在风干过程中还适当烟熏，以赋予烟熏风味并延长产品保存期。

(6) 熟成、检验和包装：同腊肉加工。

3. 火腿类

(1) 原料选择：火腿一般选用饲养期短、肉质细嫩、皮薄、瘦肉多、腿心饱满的猪腿为加工原料。用于生产干腌火腿的原料肉原则上仅选猪的臀腿肉和背腰肉，也有的厂家根据销售对象选用猪的前腿部位肉，但品质稍差。一般要求选用新鲜、肉色鲜红、皮色白润、脚爪纤细、小腿细长的鲜猪腿。

(2) 修整：取鲜腿，去毛，洗净血污，剔除残留的小脚壳，将腿边修成弧形，用手或机械挤出大动脉内的淤血，最后修整成柳叶形。

(3) 腌制：按比例加入食盐，根据不同的产品多次上盐，一个月左右加盐完毕。

(4) 浸泡洗刷：将腌制好的猪腿置于清洁冷水中浸泡清洗。

(5) 晒腿、整形：将洗后的腿挂晒至腿面变硬，皮面干燥，内部尚软，此时可进行整形。

(6) 发酵：将火腿挂在木架或不锈钢架上，在发酵库房内进行发酵。自然发酵干燥的发酵季节常在3～8月份，发酵期一般为3～4个月。

(7) 保藏：经发酵修整的火腿，可落架，用火腿滴下来的原油涂抹腿面，使腿表面滋润油亮，即成新腿。然后将腿肉向上、腿皮向下堆叠，一周左右调换一次。如堆叠过夏的火腿就称为陈腿，风味更佳。火腿可用真空包装，于20℃下储藏。

三、加工基本技术

(一) 原料肉的解冻

肉制品生产中经常使用冷冻的冻白条肉和冻分割肉，使用前需经过解冻。解冻过程是个较复杂的过程，直接影响解冻后原料肉的质量。在解冻过程中，控制解冻的温度、时间和解冻的程度是很有必要的。一般肉制品加工不需要完全解冻，而是达到半解冻状态，即表面至中心的一半厚度的部分完全解冻，另一半厚度的肉已开始解冻，但有冰存在即可，或中心稍微变软，未完全解冻，肉温在－2～0℃。解冻方法如下。

1. 空气解冻

将冻肉放置于干净平滑的案板上，在室温下空气解冻，这是以空气为介质的最简单的解冻方法。解冻的速度和效果与气温及空气流动有关，时间不好控制，肉温内外差别大，易流失少量肉汁。用这种方法解冻时间不宜太长，以减少微生物污染。解冻的程度控制，外表层（约占肉厚的1/3）已松软，中心仍有冰冻但已不太硬。不需要全部解冻成松软，否则易造成肉汁的大量流失。

2. 水解冻

将冻肉放入干净的水槽中，用自来水（最好用100目尼龙网滤过）浸泡解冻。可采用静止法或流水解冻法。流水解冻法是从水槽底部通活水，从上部溢出多余的水。流水法解冻快，时间短，由于是以流动的水为介质，肉温内外差别不太大，但肉汁流失多。静止水解冻，时间长，一般需16～20小时。为防肉汁流失，解冻时可用塑料袋包装肉。

3. 缓化温控解冻

这种解冻方法比较好，但需要有专门的设施，如1～8℃冷库，1米/秒左右的低风速加湿空气设备等。加湿是为了加快热传导和热交换，缩短解冻时间。将低速加湿空气均匀地送入1～8℃冷藏库中，辅以空气流速和相对湿度的自动控制，冻结肉在14～24小时均匀解冻。这种方法解冻缓和，可控制解冻时间，解冻质量好，肉汁流失少，但能耗大，设施、设备投资大。

4. 微波解冻

微波解冻是利用微波辐射和振动，使肉内水分子产生振动而升温。肉外表和内部的水分子都振动，解冻过程外表和中心是一样的，解冻均匀，解冻快，质量好，但能耗大、投资大，且升温快，控制复杂。

5. 其他解冻法

除以上解冻方法外，还有压缩空气解冻、远红外解冻等，都需要有专门的设施、设备。常规加工大多采用空气自然解冻和缓化温控解冻。

（二）原料肉的剔骨

猪肉的剔骨，一般是整剔，即以整个肉片为单位进行剔骨。在剔骨前应先对肉片进行一次检查，如带有伤痕、淤血、泥污和猪毛等杂物时，应修整干净，并把肾脏（腰子）和腹膜脂肪（板油）等修割下来，然后进行剔骨。关于剔骨顺序可以随个人习惯，但通常是按下列顺序进行：剔除前膊骨和胫骨→颈部骨（颈椎）→胸骨和肋骨分开，即把与肋骨稍连接的胸骨（软骨）用刀背或斧头敲开，使胸骨与肋骨分离→剔肋骨→剔胸骨→把背部（胸椎、荐椎、尾椎）剁成2～4段，砍断即可，不要用力过大，防止损伤肌肉和背部脂肪→从右向左把胸椎和腰椎（左侧肉片）连同胁骨剔下来→剔出肩胛骨、荐椎、尾椎和骨盆→最后剔除肱骨、股骨和膝盖骨。

牛肉一般以四分体（即一角）作为单位进行剔骨。剔骨前要修整肉的表面，除去污血和污物。剔骨顺序为：从脖根处把颈部骨砍断，单独剔出→把前膊骨、上膊骨和肩胛骨三块连在一起片下来，再分别逐块剔掉→肋骨连同胸椎及胸骨从肉上扒下来，再将骨上带的肉修下即妥。牛的后四分体（后脚或后腿）的剔骨顺序为：剔去颈骨→剔去荐骨→剔去骨盆（骨、耻骨、坐骨）→剔出股骨→最后剔出腰椎。

关于剔骨的基本要求是：用尖刀沿着骨膜或连同骨膜（骨外结缔组织包膜）剔割下来，使骨肉分离，做到骨上不带肉，肉上不带碎骨渣。肋骨的剔法由于操作技术手法不同，有三种分肋法。一是一侧划肋法，在每条肋骨后缘（沿动脉管侧），从腰椎与肋骨结合处至肋骨稍用刀把肋骨上的结缔组织包膜割断，但不要割破肌肉层。同时在肋骨和胸软骨结合处用刀剥离后，用手或刀背顶住肋骨稍用力一推，肋骨即被挑起，脱离而出，从而使肋骨与肌肉分离。二是两侧划肋法，在每一肋条骨的两侧，用刀将肋条骨包膜划开，同时在肋骨稍与胸软骨结合处用刀剥离后，用手或刀背顶住肋骨稍用力一推，肋骨被挑起。三是中间划肋法，在每条肋骨中间，从肋骨至肋骨稍用刀将骨膜划开，再用刀把肋骨稍与胸软骨结合处两侧剥离后，用手或刀背顶住肋骨稍用力一推，肋骨即脱出，使肋骨与肉分离。

为了使骨肉能综合利用，根据肉制品加工不同类型，还有一种剔法，即揭肋法（俗称大揭盖）。这种方法操作较简单，剔骨者只需按着骨骼生长顺序，用刀沿着不同骨骼的外形将肉剔下，剔出的骨上带有适量的肌肉，可加工成排骨肉等制品。

（三）原料肉的腌制

1. 腌制方法

腌制方法很多，大致可以归纳为干腌、湿腌、干湿混合腌制以及注射、滚揉腌制等。腌制剂通常用食盐，除用食盐外，还加用糖、硝酸钠、亚硝酸钠及磷酸盐、抗坏血酸盐或异构抗坏血酸盐等制成的混合盐，以改善肉类色泽、持水性、风味等。硝酸盐除改善色泽外，还具有抑制微生物繁殖、增加腌肉风味的作用。醋有时也用作腌制剂成分。

（1）干腌法：干腌法是利用结晶盐，先在食品表面擦透，即有汁液外渗现象，随后层堆在腌制架上或层装在腌制容器内，各层间还应均匀地撒上食盐，各层依次压实，在外加压或不加压的条件下，依靠外渗汁液形成盐液进行腌制的方法。开始腌制时仅加食盐，不加盐水，故称为干腌法。

（2）湿腌法：湿腌法即盐水腌制法，就是在容器内将食品浸没在预先配制好的食盐溶液内，通过扩散和水分转移，让腌制剂渗入食品内部，直至食品内部的盐水浓度和盐液浓度相同时为止。

（3）干湿混合腌制法：这是一种干腌和湿腌相结合的腌制法。可先行干腌，随后放入容器内堆放 3 天，再加 15～18 波美度盐水（硝石用量 1%）湿腌半个月。

（4）注射、滚揉腌制法：肌肉注射腌制有单针头和多针头注射两种。肌肉注射专用设备的针头中间有孔，注射时盐水喷射在肉内，直至获得预期含量为止。所以，肌肉注射腌制的产品肉内的盐液分布较好，而且是加速腌制过程并可起到嫩化作用的现代腌制方法。滚揉时间一般较长，如温度高，使原料肉升温容易造成细菌污染；温度低，会造成原料肉温度过低，不利于腌制剂的渗透和扩散。因此滚揉的温度应控制在 2～6℃。根据不同产品的工艺要求及不同产品肉块大小来选择滚揉机的旋转速度，如大块肉（100 克以上）旋转速度 18～25 转/分钟，中型肉块（10～100 克）旋转速度 12～18 转/分钟，小型肉块（10 克以下）旋转速度 5～12 转/分钟。

2. 原料肉腌制过程中的温度

原料肉在腌制过程中，腌制温度越高，腌制的时间越短，腌制速度越快。但就肉类产品来讲，它们在高温下极易腐败变质，为了防止在食盐渗入肉内以前就出现腐败变质的现象，其腌制仍应保持在低温条件下，即 10℃以下进行。为此，我国传统产品加工腌制都在立冬后、立春前的冬季里进行。有冷藏库时，肉类腌制宜在 2～6℃条件下进行。鲜肉和盐液都相应预冷到 2～4℃时才能进行腌制，因而配制腌制液用的冷水可预冷到 3～4℃。冷藏库温度不宜低于 2℃，温度低将显著延缓腌制速度；但也不宜高于 6℃，高于这个温度易引起腐败菌的大量生长。

（四）肉料干燥

1. 干燥目的及其机理

肉类制品干燥是一种古老的贮藏方法，也是一种最简单的加工方法。无论是传统还是现代工艺加工肉制品，都离不开干燥。肉品加工中干燥有两个目的：一是在不破坏产品固有本质特性的前提下，便于贮藏、运输、加工、烹调；二是改变食品本来的性质，进一步提高感官嗜好性。肉干制品、中式腊肠、腌腊制品、发酵香肠的干燥是以便于贮藏、运输为主要目的；西式蒸煮香肠、中式灌肠等产品的干燥则是以便于加工、改善产品特性为主要目的。无论哪一种，干燥或多或少都会带来成分变化。从外观看，色调和风味受到不同程度的影响；从化学角度看，对产品营养性有所损害。随着科学技术的发展，目前已将干燥产生的上述各种变化限制到最小程度，并正在不断提高制品复原性，尽可能生产出风味和营养成分损失不太大的干燥食品。

新鲜肉含水量在 70%～80%（随脂肪含量多少而异），通过干燥方法使肉中含水量降到 6%～10%，各种微生物活动就会停止。任何微生物的生命活动都是以渗透方式来摄取营养物质，而此种方式只有在水分存在时才能进行。此外，干燥会使微生物原生质结构中的水分脱离，从而使原生质受到破坏导致微生物死亡。肉制品细菌繁殖最低的适宜含水量为 25%～30%，霉菌为 15%，酵母菌为 20%。

一般干燥条件下，不能使制品的微生物完全致死，特别是形成芽孢的微生物对脱水干燥有较强的抵抗力。被霉菌污染的肉品，干燥后仅因缺少水分而繁殖受阻，并不死亡，当恢复到一定水分后霉菌又大量繁殖起来。因此对于肉干、腊肉、火腿等半干水分肉制品，干燥对其可贮性极为重要；而对蒸煮香肠、预煮香肠、中式灌肠等高水分产品，干燥工序主要是赋予产品特有感官特性所需。

2. 干燥方法

（1）自然干燥　自然干燥就是在自然环境条件下干制各种食品的方法。属于这一类干制方法的有晒干、风干和阴干等。这种作为食品加工贮藏的方法，可以认为是原始加工法。就是在现在，这种自然干燥方法仍用于部分肉品及其他食品的干燥。自然干燥费用低廉，因此在一些地区的产业中仍占有较大地位。但是天气好坏直接影响干燥质量，易出现变色、腐败、香味损失及害虫的污染等。尽管如此，在一些地区，为使香肠成熟、发酵或干燥，仍然有将制品置于屋檐下或堆房中阴干的。但因受自然气候的制约，不易掌握合理的温度和气温，许多制品很难利用自然干燥完成。所以，能够巧妙利用自然干燥的地区不多。

晒干就是直接在阳光下暴晒物料，利用辐射能干制食品的过程。物料得到从太阳中来的辐射能后，随着温度升高，物料内部水分受热向其表面周围介质蒸发，物料表面附近的空气处于饱和状态，并与周围空气形成水蒸气分压差和温度差，于是在空气自然对流循环中不断地促使食品中水分向空气中蒸发，直到它的水分含量降到和空气温度及相对湿度相适应的平衡水分时为止。炎热干燥和通风是适宜于晒干的气候条件。这是一种古老而原始的干燥方法，设备简单，费用低廉，这是它的优点，但易受自然条件限制，如遇潮湿多雨地区和季节，就不能采用这种方法。在肉品生产中，有的香肠、腌肉、肉干、肉条等可以采用自然干燥法晒干、风干和阴干。

(2) 人工干燥　人工干燥从大类上可分为加压、常压、真空三种方法。具体可包括烘炒干燥、烘房干燥、换气干燥、热风干燥、微波干燥、低温升华干燥、喷雾干燥、冻结干燥和冷冻真空干燥等。目前应用于肉品干燥的主要是烘炒干燥、烘房干燥、换气干燥和热风干燥。

① 烘炒干燥：烘炒干燥又称为热传导干燥，也是广泛被采用的一种人工干燥方法。它是湿物料与载热体不直接接触，借助于容器间壁的热传导，将热量传递给湿物料，从而达到使湿物料中的水分蒸发，降低含水量的目的。热源可利用蒸汽、热水、燃料、电热等。可以在常压下干燥，也可以真空干燥。加工肉松大都采用这种方法。

② 烘房干燥：烘房干燥即空气对流干燥，是最常见的许多食品的干燥方法。这种干燥是在常压下进行，食品可分批或连续地干制，空气自然地或强制地对流循环。

③ 换气干燥：这是用直火或间接加热使干燥室内的空气产生对流进行干燥的方法。由于设备简单、费用低廉，因此与前面说的自然干燥配合起来使用，效果比较好。

物料从热空气取得热量后，其表面上的水分就蒸发成水蒸气，充满在物料表面邻近的空气层内，形成饱和水蒸气层，在它和周围空气蒸汽分压差的影响下自然地进一步向周围空气中扩散，或由流动的空气带走。由于物料表

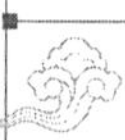

面水分蒸发的结果，物料内部形成湿度梯度，促使其内部的水分不断地往物料表面位移，以维护表面水分的蒸发，于是物料内部水分就逐渐下降。

采用这种干燥方法，许多食品在干燥过程中会出现恒率干燥阶段和降率干燥阶段。恒率干燥阶段内物温等于湿球温度。在降率干燥阶段，物料内温度在受热后向空气干球温度靠拢。干制过程中物料中心温度低，表面温度高，特别是降率阶段物料内部存在着温度梯度，但这种干制法温度梯度不大。干制过程中控制好空气干球温度就可以改善食品品质。在降率干燥阶段，干燥速度还取决于物料导湿性和导温性。

④ 热风干燥：这是一种强制循环送热风干燥方法。箱形架式干燥机及隧道式干燥机等属于此类型。前者是通过风扇将其他加热装置加热的空气强行吹入干燥架；后者是将热风送入隧道，然后沿送风方向轻轻移动架台车完成干燥。这种隧道式干燥机最适合生产量大的干燥品。由于这两种干燥机都是靠 60～85℃热风加热，肉块会产生明胶状凝固，除了直接粉碎，做成粉状干燥肉外，利用面很窄。此外还有两种干燥方法，一种是不用架台车，而使用金属丝网，在低速移动的金属丝网传送带上连续添加食品，在传送带于热风中行进时食品就被风干了；另一种是往旋转的圆筒中送热风，食品在圆筒中缓慢移动完成干燥工序。

在现代肉制品加工中，微波干燥、低温升华干燥、喷雾干燥、冻结干燥和冷冻真空干燥等方法也在推广应用中。例如用微波干燥设备加工肉干制品，喷雾干燥法生产肉粉，冻结干燥技术生产冻干肉粒等。

(五) 肉料烟熏

1. 烟熏的目的

烟熏是最为古老的食品加工法，其历史可追溯到人类开始用火的时代。中国在烟熏食品的加工上历史最为悠久。据考证，2500 多年前中国人就已很好地掌握了烟熏干肉制品的方法。至今烟熏肉制品已成为中国传统肉制品中主要的门类之一，不同地区、不同配方及不同的烟熏方法组成了难以数计的产品。

烟熏的目的是使制品改善产品感官质量和可贮性，使制品具有独特风味，使外观产生特有的烟熏颜色，使肉组织的腌制颜色更加诱人，同时抑制不利微生物的生长，延长产品货架寿命。传统产品烟熏的主要目的是提高食品的保存性。但是现在烟熏目的已经发生了很大的变化。随着具有保存性能的冷藏设施进入一般家庭，人们无须再过多考虑贮藏问题，更多的是注意选择色香味俱全的优良制品。烟熏的目的也逐渐从贮藏转变到增加制品风味和美观上来。

为了达到烟熏的目的，在工艺上考虑的重点有三个方面：制品适度干燥，使制品内部产生某种化学变化，使烟中有效成分附着于制品上。

制品适度干燥：是与制品的保存性相关联的。众所周知，干燥是通过加热实现的。但是如果干燥过于急剧，肉制品表面就会形成蛋白质的皮膜，使内部水分不易蒸发，达不到充分干燥的效果。

使制品内部产生某种化学变化：是使制品增加独特风味，使肉组织产生诱人的腌制颜色。这主要通过加热实现。也就是说，通过加热，促进微生物或酶蛋白及脂肪的分解，通过生成氨基酸和低分子肽、碳酰化合物、脂肪酸等，使肉制品产生独特风味；通过促进亚硝基肌红蛋白的生成反应，使肉组织呈现出诱人的粉红颜色。

使烟中有效成分附着于制品上：是使烟味和制品味混合，使制品外观产生特有的烟熏颜色，并提高制品的保存期。烟熏时产生的烟中，存在着羧酸、乳酸、干馏液等各种物质，其中高级乙醇和酯类等附着在制品上，可产生独特的风味；通过吸附焦油，可产生独特的烟熏颜色；另外浸透于制品的石炭酸、甲基邻苯、甲酸和乙醛等，可提高防腐性及保存性。

2. 烟熏方法

烟熏方法有常规法和速熏法。常规法大致可分为直接烟熏法和间接烟熏法。传统烟熏方法是在烟熏室内用直火燃烧木柴和锯末完成，将肉料置于燃烧的熏料上直接烟熏。在人们了解了烟熏的烟中含有木质热分解物质苯并芘和二苯并蒽具有致癌作用之后，间接发烟法得到了进一步的发展。如果按烟熏室的烟温分类，可以将间接法分为冷熏法和热熏法。冷熏法的烟温为15～25℃，热熏法为55～60℃。肉制品烟熏方法见表3-1。

表3-1　肉制品烟熏方法

常规法	直接烟熏法	冷熏法、温熏法、热熏法、焙熏法
	间接烟熏法	间接燃烧法：冷熏法、热熏法
		摩擦发烟法：冷熏法、热熏法
		湿热分解法：冷熏法、热熏法
		流动加热法：冷熏法、热熏法
		二步法：冷熏法、热熏法
		炭化法：冷熏法、热熏法
速熏法	液熏法	蒸散吸附法、浸渍法、添加法
	电熏法	火花放电法、静电吸附法

（1）常规法

① 直接烟熏法　在烟熏室内使木片燃烧烟熏的方法。在烟熏时，按所保持的温度范围分为以下方法。

a. 冷熏法：这是在30℃以下进行烟熏的方法。此法一般只作为带骨火腿、培根、干燥香肠等的烟熏，用于制作不进行加热工序的制品。这种烟熏方法烟熏时间长，重量损失大。但是由于进行了干燥和熟成，提高了保存性，增加了风味。在温暖地区，由于气温的关系，这种方法很难实施。

b. 温熏法：这是在30～50℃范围内进行烟熏的方法。此温度范围超过了脂肪熔点，所以很容易流出来，而且部分蛋白质开始凝固，因此肉质变得稍硬。这种方法用于熏制脱骨火腿和通脊火腿，烟熏后再进行蒸煮，也有用这种烟熏制造培根的。由于这种烟熏法的温度条件利于微生物繁殖，如果烟熏时间过长，有时会引起制品腐败。通常烟熏时间限制在5～6小时，最长不超过2～3天。

c. 热熏法：这是在50～80℃范围内进行烟熏的方法。但是在一般实际工作中烟熏温度大多在60℃左右，在此温度范围内，蛋白质几乎全部凝固。因此，完成热熏后的状态，与经过冷熏和温熏的制品有相当大的区别，表面硬化度较高，而内部仍含较多水分，富有弹力。可用此法急剧干燥、烟味附着，但接近一定限度，就很难再进行干燥，烟味也很难附着。因此，烟熏时间不必太长，最长不超过5～6小时。因为在短时间内就可以取得烟熏效果，因此可以减少劳力，使操作更加合理，但产品烟熏香味不足。

d. 焙熏法：这是超过80℃的烟熏方法，有时温度可升至140℃。用此法熏制的制品不必再进行热加工就可以直接食用。烟熏时间不必太长。

② 间接烟熏法　这是一种不在烟熏室内发烟，而是用烟雾发生器将烟送入烟熏室，对制品进行熏烤的烟熏方法。按烟的发生方法和烟熏室的温度条件可分为如下几种。

a. 间接燃烧法：这是将木屑倒在电热燃烧器上使其燃烧，再通过风机送烟的方法。发烟和熏制分在两处进行。烟的生成温度与直接法相同，需减少空气量和通过木屑的湿度进行调节，但有时仍无法控制在80℃以内。所产生的烟是靠送风机与空气一起送入烟熏室，所以烟熏室内的温度基本上由烟的温度和混入的空气温度所决定。

b. 摩擦发烟法：摩擦发烟法是应用了钻木取火的发烟原理。在硬木棒上压块重石头，硬木棒抵在带有锐利摩擦刀刃的高速旋转轮上，通过剧烈摩擦产生的热，使削下的木片热分解产生烟，靠燃渣容器内水的多少调节烟的温度。

c. 湿热分解法：此法是将水蒸气和空气适当混合，加热到300℃乃至400℃后，使热量通过木屑产生热分解。因为烟和空气是同时流动的，因此变成潮湿的高温烟。一般送入烟熏室内的烟温度约为80℃，故在烟熏室内熏烟之前制品要进行冷却。冷却可使烟凝缩，附着在制品上，因此也称作凝缩法。

d. 其他方法：如流动加热法、二步法、炭化法等。

流动加热法是用压缩空气使木屑飞入反应室内，经过300～400℃的过热空气，使浮游于反应室内的木屑热分解，产生的烟随气流进入烟熏室。

二步法是将产烟分为两步。第一步是将氮气和二氧化碳等惰性气体加热至300～400℃，使木屑产生热分解；第二步是将200℃的烟与加热的氧或空气混合，送入烟熏室。

炭化法是将木屑装入管子，用调整为300～400℃的电热炭化装置使其炭化，产生烟。由于空气被排除了，因此产生的烟状态与低氧下的干馏一样，烟熏是在干燥浓密状态下得到的。

（2）速熏法　根据使用的物质和设备的特征，速熏法还可以进一步分为液熏法和电熏法。

① 液熏法不是直接利用木材加热产生的烟，而是将在制造木炭干馏木材过程中产生的烟收集起来，进行浓缩（熏液）再加以利用的方法。

这种方法还可进一步分成蒸散吸附法、浸渍法、添加法3种。蒸散吸附法不是将木材加热，而是加热熏液，使其蒸发，吸附在制品上，由于没有燃烧的热量，温度比较稳定。但是成分对制品的浸透同常规没有多大变化，是否可以称其为速熏法还有待商榷。浸渍法是将制品浸于熏液中以达到烟熏目的。添加法则是将熏液添加到制品中进行混合。这类液熏法，根据制品种类不同，用法也不一样，生产上大多采用添加法。

② 电熏法中一种是应用静电进行烟熏。先将肉制品以一定间隔排开，相互连上正负电极，一边送烟，一边施加15～30千伏的电压使制品自体作为电极进行电晕放电，这样，烟的粒子就会急速吸附于制品表面，烟的

吸附大大加快，烟熏时间仅需以往的 1/20。还有一种电熏法是在互相对应的两个电极上施加高电压，将制品放在中央，在电极之间使带有一定电荷的烟流动，利用与电极之间产生的斥力，使烟附着于制品上。

上述几种速熏法，对防止烟成分的浪费，节省烟熏时间，确实是很有效的。但是烟熏目的并不只是使烟成分附着于制品上，因此，从忽视调整温度这一点来说，这些方法未必是有效的，有人甚至对这些方法是否能作为烟熏法产生疑问。

3. 烟熏要领

冷熏法、温熏法和热熏法的区别在于预备干燥和烟熏时的温度条件。开始烟熏时，首先需要将制品表面清洗干净，将制品吊在烟熏室内，这是烟熏的必要条件。

制品处理完成后，将制品装入烟熏室吊好。近年烟熏车和烟熏笼在生产厂广为应用。将制品装入烟熏杆，在烟熏笼或烟熏车上直接推入烟熏室进行烟熏。无论采用哪种办法，在烟熏室内悬吊制品，都要注意以下几点。

① 烟熏室内悬吊制品不要过多。过多装入制品，制品之间或制品与室壁之间就会相碰，使烟无法通过，这样不但会使制品出现斑驳，影响外观，还会成为腐败的原因。而且制品装入过多，尤其是直接式的烟熏室，火与制品的距离就会缩短，出现一部分制品过热的问题，这部分制品的脂肪会熔化流出，产生制品损耗，而且还会使制品质量下降；另外，流出的脂肪落到火上，会产生油烟，影响制品外观。

② 制品根据需要和烟熏室的情况，要吊在适当的位置。即使是同一个烟熏室，受烟量也不一样。一般接近门口受烟少，越往里受烟越多。对于这一点，在放置制品时要认真加以考虑。在烟熏过程中改变制品的位置，可以达到整体均等的烟熏效果。但是由于制品不同或消费者的嗜好（浓淡）不一样，所以在开始烟熏之前就要对制品的摆放有所考虑，以便生产更加合理。

③ 制品在进入烟熏室之前，一定要去掉制品表面的水分。有人认为在烟熏之前还要进行干燥（预备干燥），所以不必去掉水分。但如果制品表面带着大量水分送入烟熏室内，通过干燥去掉水分，不仅浪费燃料，而且由于在干燥时空气湿度过高，致使制品表面干燥不充分，还会给制品形状带来很大影响。可采用风干室法或自然风干法去掉制品表面水分。

制品送入烟熏室后，就可以点火烟熏了。但不要马上发烟，要先进行预干燥后再发烟。也就是说，将制品送入烟熏室，点火后，先关闭排气孔进行干燥。不要使温度上升过快，每 30 分钟温度上升 5℃的速度是最理想的。干燥时间和温度依据制品种类和烟熏方法是不同的。例如干腌制的火腿和培根干燥时间约 12 小时，温度在 30℃左右；湿腌制的则要求在 50℃条件下干燥 4～5 小时。这些并不是绝对条件，加工时可根据产品需要，选择各种方法。西式肉制品烟熏方法较为相似，我国传统的烟熏制品中，不同的风味特产各有其特殊的熏制方法。

采用烟熏室熏制肉制品，如果到了所设定的干燥时间，就打开排气孔，排放出水蒸气，开始进入烟熏作业。在烟熏作业时特别应引起注意的是绝不要有火苗出现。产生火苗的原因主要是空气的供给量过大，或烟熏材料过干造成的。若有火苗出现，室内温度必然上升，以致很难达到烟熏的目的。在这种情况下，要截断空气的通路，给烟熏材料淋些水，防止火苗出现。

烟熏时温度过低，达不到预期的烟熏效果，会影响制品的质量。但如果温度过高，会由于脂肪熔化，肉的收缩，达不到制品的质量要求。烟熏中，一定要经常注意温度，尽可能使温度保持在规定范围内。因而门的开关、人的进出都要限制。

烟熏结束后，必须立即从烟熏室内取出制品。如果继续放置在烟熏室使其冷却，会引起制品收缩，影响外观。不过从烟熏室取出制品后，也不可放在通风处。通风条件好，会引起制品明显收缩。烟熏后的制品应该在不通风的地方慢慢冷却。但是通脊火腿、脱骨火腿和一些便于制作的香肠等，在烟熏后，如需要进行蒸煮，要立即实施蒸煮工序。如若再进行一次冷却，不仅浪费燃料，而且制品上会出现褶皱。褶皱程度较轻的制品，通过蒸煮有些可以伸展开，而褶皱程度较重的则无法改善。

（六）填充、结扎、包装

1. 填充、结扎

灌装填充是腊肠等产品加工中的必需工序。所用肠衣包括猪、牛、羊小肠或大肠等天然肠衣，以及胶原蛋白肠衣、玻璃纸卷、纤维肠衣等人工肠衣。传统腊肠大多采用天然猪小肠衣和羊肠衣。

以天然肠衣充填腊肠时，是利用充填机将肉馅灌入，每根香肠的长度为 8～12 厘米，肉枣肠则灌装为大枣状。用手将香肠扭结，再将一串串扭

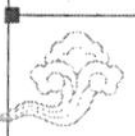

结好的香肠挂在细杆上进行风干发酵或烘烤、烟熏。若使用自动充填结扎机，则能定量进行填充，效率很高。在实际生产中，肠衣质量对产品的形态、操作效率是有影响的，所以，使用好的肠衣（有弹性，粗细长短大致相同，孔洞少，不附着异物）才能生产出质量好的香肠。

填充方法对香肠质量影响很大，在填充时，应尽量使肉馅均匀紧密地灌装到肠衣中，若肠内有气泡，要用针刺放气，结扎时也要注意扎紧捆实。如果采用自动灌肠机，应经常检查、保养填充机，使机器处于最佳工作状态。

采用气动灌肠机灌装，并用等间隔结扎机结扎，其特点是操作简单，人造肠衣、天然肠衣都可以结扎，占地面积小。但是灌装时必须均匀，若不均匀，充填紧密的地方线绳易迸裂，充填松散的地方产品不成型。这种机器虽然效率较高，但是包装前必须去掉线绳，这样会影响产品质量。另外有一种德国产的不使用线绳结扎的机器，这种充填机设有重量调整装置和速度调整装置，即使在填充进程中也可以进行调节。

把原料肉填充到肠衣里后要用细绳等进行结扎。通常把填充前的结扎叫做一次结扎，填充后的结扎叫做二次结扎。结扎就是把两端捆扎，不让肉馅从肠衣中漏出来，防止外部细菌进入，起到隔断空气和肉接触的作用，此外还有使火腿、香肠成型的作用。有时也用模子成型，这时应考虑由于烟熏、蒸煮肉发生膨胀，结扎时必须留出肠衣的余量。特别是香肠等肉糜产品，通过加热使其膨胀，可以形成柔软而富有弹性的香肠外观。

2. 包装

包装是所有肉制品的必需工序，其目的是延长肉制品保存期，赋予产品良好外观，提高产品商品价值。肉制品包装总的要求是尽量缩短加工后放置时间，马上进行包装；尽可能选择对光、水和氧具隔离作用的薄膜材料；针对不同产品商品要求采用适宜的包装方式；严格包装卫生条件。

（1）贴体包装　贴体包装的方式有两种：一种是把制品装入肠衣后，直接把真空泵的管嘴插入，抽去其中的空气，即除气收缩包装法；另一种是把制品放入密封室，利用真空把肠衣内部的空气排除的真空包装法。

① 除气收缩包装　是指将制品装入肠衣后，在开口处直接插入真空

泵的管嘴，把空气排出的方法。通常是采用铝卡结扎肠衣，所以缺乏密封性。排除空气的目的在于通过排气使制品和肠衣紧紧贴在一起，从而提高其保存效果。因此，必须采用具有热收缩性的肠衣，包装后将其放置在热水或热风中，使肠衣热收缩和制品紧紧贴在一起。所使用的薄膜是具有收缩性的聚偏二氯乙烯，这种薄膜也可用于直接填充。使用这种肠衣的制品主要为粗直径的腌腊制品或其他烟熏制品。

采用这种包装的制品，通常要进行再杀菌。通过再杀菌，使其表面附近的氧分压再次下降，而且可以杀死表面上污染的微生物，所以如果实施适当的包装操作，就会产生与直接填充包装相同的保存效果，所以此方法是一种既简单又方便的包装方法。

除气收缩包装生产线是由打开肠衣的开口机和除气结扎机配套布置而成的。利用手动灌肠机进行填充时，需要事先把肠衣的一端撑开后再填充，这种利用空气将肠衣撑开的装置称作开口机。而每一根肠类制品填充后，都需要结扎，在肠衣开口处，插入除气用管嘴后，让肠衣旋转使肠衣扭成结扣，在推入U形卡中，同时给U形卡施加压力，使铝卡变形，完成结扎操作，这就是结扎机的作用。在肉类加工先进生产线，连续式结扎机已广为应用。连续式结扎机是在结扎机上装6～10个管嘴，把填充后的肠类制品的开口端插入管嘴里，依次通过扭结区、排气区、结扎区、结束区，然后让其通过热风管道、热水槽使其热收缩。连续结扎机有悬垂式和静置式两种。

② 真空包装　真空包装的基本原理是：为了使制品和肠衣紧贴到一起，在密封室内使其完全排除空气，但当其恢复到正常大气条件下时，制品的容积就收缩，使包装物的真空度变得比密封室内的真空度还低。已有满足不同需求不同类型的包装机及包装方法，如制袋用真空包装机、真空深拉包装机，以及真空贴体包装机等。

（2）充气包装　这种包装通常是使用透气性薄膜，并充入惰性气体，大多是采用不同气体组合的气调式。气调包装的作用是防止氧化和变色，延缓氧化还原电位上升，抑制好氧微生物的繁殖。这种包装形式，由于制品和薄膜不是紧贴在一起，包装内外有温度差，使包装薄膜出现结露现象，这样就看不到包装内的制品了。如果把已被污染的制品包装起来，由于制品在袋中可以移动，所以会使污染范围扩大，同时袋中的露水有助于细菌繁殖。充气包装只适合于在表面容易析出脂肪和水的肉制品的包装。

气调包装所使用的气体主要为二氧化碳和氮气两种。置换气体的目的

是为了排除氧气，充二氧化碳时，可产生抑菌作用。这是由于二氧化碳的分压增大时，细菌放出的二氧化碳受到抑制，也就是说代谢反应受到抑制。一般来讲，氧气浓度在5%以下才有效，也就是说二氧化碳的置换率为80%（残留氧气的浓度约为4%）时才有效。

气调包装多适用于较高档产品，以及需保持特有外型的产品。气调包装在延长产品可贮性上的效果是有限的，需要与加工中其他防腐保鲜方法有机结合。例如包装高档火腿片时，由于在香肠制品中有空气，即便是进行空气置换，也很难保持厌氧状态，所以在包装前的各项工艺操作进程中必须实施不让微生物污染的卫生操作。另外，在肉制品中总是残留着好氧性的乳酸菌，即使进行了充气包装，其保存期也不会无限期延长，一般不要求长时期保存时才采用气调包装。

根据气体的置换方式可将气调包装机分为两大类，即在大气中往包装袋中充入气体的灌入式包装机，以及先把包装袋抽成真空后，再充入气体的真空式包装机。采用真空式时气体可以充分地进行置换，而灌入式的置换率只有70%～90%，而且不太稳定，从保存性来看，它是不够理想的。但灌入式置换气体包装仍相当普及，原因是包装能力高达50～80包/分，而真空式充气包装方式只有30～40包/分。

（3）拉伸包装　拉伸包装是一种用托盘作为容器，上面盖上拉伸用薄膜的包装方式。此方式本身没有密封性，而且拉伸薄膜还有水蒸气透过性，由于氧气可以通过薄膜，所以适合生肉包装，它可保持肉制品的色泽。

这种包装不是很好的保存手段，它只适合于短期出售的制品的包装。采用这种包装时，从工厂发货到出售可能需要数日时间，所以制品的水分就会蒸发，表面变干燥，其结果是霉菌、酵母比细菌更容易发生增殖，所以，进行这种包装时，必须注意使微生物中的霉菌、酵母减少。

拉伸包装所使用的薄膜可以透过水蒸气，薄膜厚度为10～20微米，所以内外温度差的影响非常小，也不容易产生结露现象，即使发生也会很快消失，具有可清楚地看到包装内制品的优点。应用的包装薄膜材料有聚氯乙烯（软质）、收缩聚乙烯、聚偏二氯乙烯等。

（4）加脱氧剂包装　隔绝氧气的方法有脱气收缩、真空、气体置换等。此外还有一种把吸氧物质放入包装袋的方法，其效果与上述方法的效果相同。

一般包装时，即使把氧气排除，也还会有从薄膜表面透进来的氧气存在，想完全隔绝氧气是不可能的。脱氧剂的作用是把透入包装袋内的氧气随时吸附，维持袋内氧气浓度在所希望的极限浓度以下，这样就能防止褪色、氧化，抑制细菌繁殖。加脱氧剂具有成本低，不需要真空和充气结构，也不需要像真空和气体置换那样花很长的时间，包装机的能力可灵活掌握等优点。知道脱氧剂的吸氧量，再根据包装品的游离氧量，计算出应加入的脱氧剂量。目前应用的脱氧剂大致有无机化合物和有机化合物两种类型。

（七）产品贮藏

腌腊制品应根据不同产品类型采用相应的贮藏方法，现代工业化加工腊肉、腊肠、板鸭等多采用真空包装，在不高于 20℃条件下贮藏。一些产品的特有贮藏方法如下：

（1）咸肉：传统保藏方法有堆垛和浸卤两种。堆垛法是待鲜肉上盐制作至水分稍干后，堆放在－5～0℃的冷库内，可储藏 6 个月，损耗量为 2%～3%；浸卤法是将咸肉浸在 24～25 波美度的盐水中以延长保存期，使肉色保持红润，没有重量损失。

（2）火腿：在储藏期间，发酵成熟过程并未完全结束，应在通风良好、无阳光的阴凉房间按级分别堆叠或悬挂储藏，使其继续发酵，产生香味。悬挂法通风好和易检查，但占有仓库较多，同时还会因干燥而增大损耗。堆叠法是将火腿堆叠成垛。翻倒时要用油脂涂擦火腿肉面，这样不仅可保持肉面油润有光泽，同时也可以防止火腿的过分干缩。国外用动物胶、甘油、安息香酸钠和水加热溶化而成的发光剂涂抹，不但可以防虫、防鼠，而且一般可储存 1 年以上，品质优良，保存好的可以储存 3 年以上。

（3）腊猪头：在冬季天气寒冷时放在通风干燥处，可保管 1～2 个月。出口外运时，应用木箱装运，箱中衬以防潮油纸，以防潮气侵入，外用铁皮打包。

（4）腊猪舌、猪心、猪肝等：用竹篓或木箱盛放包装好的，放在干燥通风的库房内，或用防潮蜡纸包装，置于通风干燥房内，可保质 1 个月以上。

（5）风鸡：挂在阴凉通风的地方保存。

（6）南京板鸭：要挂在阴凉通风的地方。小雪后、大雪前加工的板鸭，能保存 1～2 个月；大雪后加工的腊板鸭，可保存 3 个月；立春后、清明前加工的春板鸭，只能保存 1 个月。通常品质好的板鸭能保存到 4 月底。存放在 0℃左右的冷库内，可保存到 6 月底或更长的时间。

（7）南京盐水鸭：冬季可保存 7 天左右，春秋季可保存 2～3 天，夏

季可保存 1 天。存放时间过长骨肉易分离。另外因已煮熟，较易污染变质。宜放在阴凉通风的地方。

（8）腊鸭：挂在干燥通风凉爽处保存，避免日晒雨淋。入冬，可进缸存放，如有返潮，应再挂起来，这样可存放至次年立夏。

四、加工装置与设备

（一）发酵干燥、烟熏装置与设备

1. 隧道式发酵干燥装置

隧道式干燥机（又称洞道式干燥机）的构造如图 3-1 所示，它是将被干原料排列在若干只竹编托盘上，再架在托盘车上，推入干燥室中进行温风干燥的装置。各托盘之间的间距约 3 厘米，如间距过小，则静压损失过大，将需增大鼓风机的动力；如间距过大，则会在各物料托盘之间形成层流风，风洞空间的容纳量也会降低。

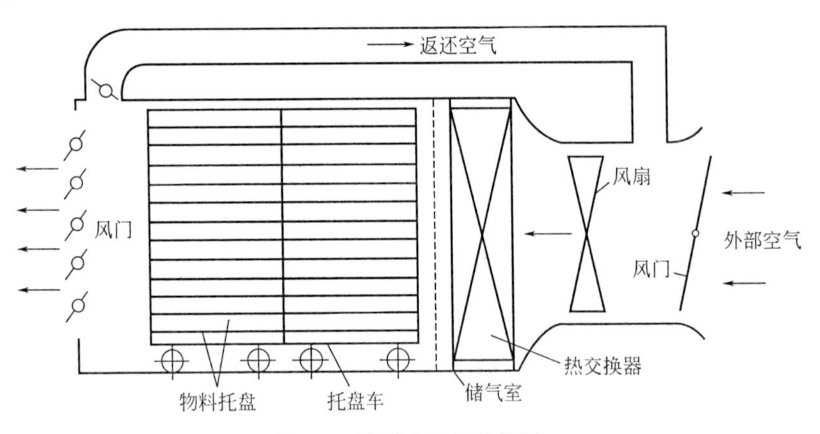

图 3-1　隧道式干燥机构造

对于隧道式干燥机，如干燥室内的风速不均，则易使被干物料干燥不均。左右两边的托盘要定时交换位置，以防两部分物料的水分蒸发速率不同。每隔一定时间，托盘车用定时器推移至上风侧，而最上风头的托盘车则由于贮气筒的机动推物作用被推至室外。推出室外的托盘车与在室内的车同时间歇地逆风方向移动，最后，同样靠贮气筒的作用进入干燥室内。

2. 简易烟熏室

要进行熏制，必须要有烟熏的装置，即烟熏室。烟熏室也叫烟熏房、熏室，其规模、形状各有不同。普通烟熏室结构如图 3-2 所示。室内底部的熏灶采用混凝土或灰泥建造。顶部要装设调节温度、发烟通风的装置。室内侧壁用瓦、水泥或砖石制作。烟熏室的大小最大不超过 1.8 米×2.7 米。

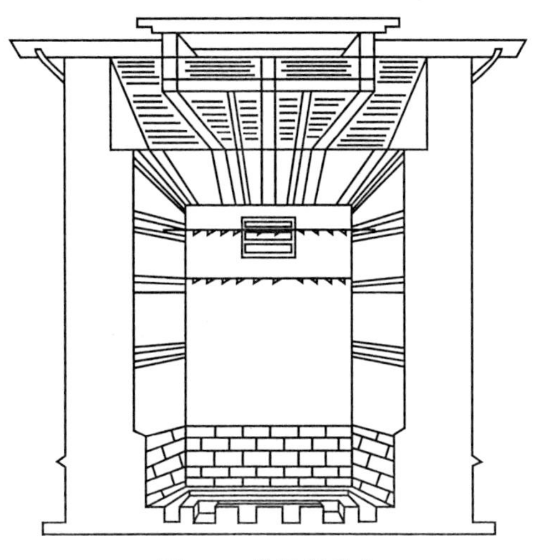

图 3-2　普通烟熏室

3. 简易冷热两用烟熏室

简易冷热两用烟熏室如图 3-3 所示。一个烟灶在熏箱的下部并与熏箱直接连接，待熏食品离火源较近，可进行热熏。另一烟灶用间接烟道与熏箱相连，烟道设有控制板用以调节进烟量和温度，待熏食品离火源较远，可进行冷熏。

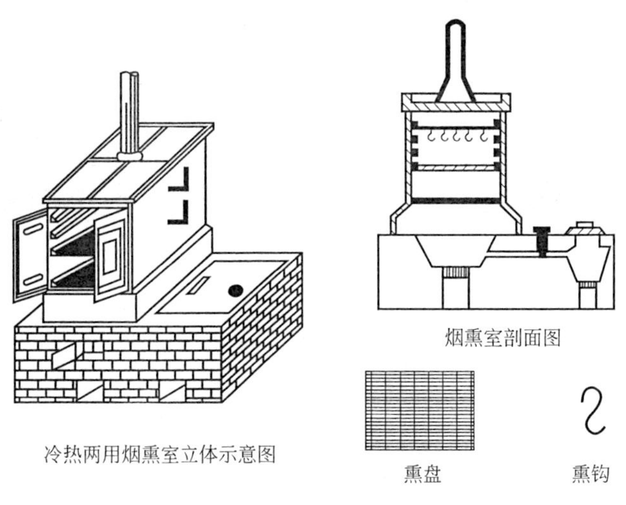

图 3-3　简易冷热两用烟熏室

烟灶用普通砖砌成，台面用水泥刷光，冷熏烟灶的烟盖系铸铁制成，烟道控制板采用铁皮，熏灶炉条系铸铁造成，烟灶进风洞用普通砖块调节进风量，烟灶的外型尺寸为长 2 米、高 0.67 米、宽 1.1 米。熏箱用杉木板制成，板缝用油灰（桐油石灰）填嵌箱内外，板面涂有一层桐油，箱的尺寸为 70 厘米×80 厘米×80 厘米，箱内二壁装有 3 层木档，用以搁架熏盘。此外，还设有吊挂熏钩用的木档 2 层，熏钩和熏盘均可随时取下或放上，每箱容量 15 千克。

箱顶开有出烟洞连接烟囱（由镀锌铁板制成），中间设有一挡板，可调节开放大小控制出烟量。箱的一扇门上装有活动玻璃门，以便观察检查箱内情况，并附有温度计装置，用橡皮膜吸在玻璃门上，玻璃可以移动，作为检查取样的窗口。熏盘由铁丝做成，盘的四周用 12 号铝皮打边，中间用 16 号铁丝结成网状。熏钩用直径 1 厘米铁丝做成。

4. 自控发酵干燥机

在规模化加工中，腌腊制品通过配置烘烤设备（图 3-4）的人工烘烤快速干燥得到广泛使用，可大大提高工效，缩短加工周期。烘烤设备的作用是通过调整温度、湿度和时间，在热风循环（或产品旋转）作用下对肉料烘烤脱水，以使其具有良好的质构，诱人的色泽及风味。在规模化工业加工中主要有高温烘烤箱等。

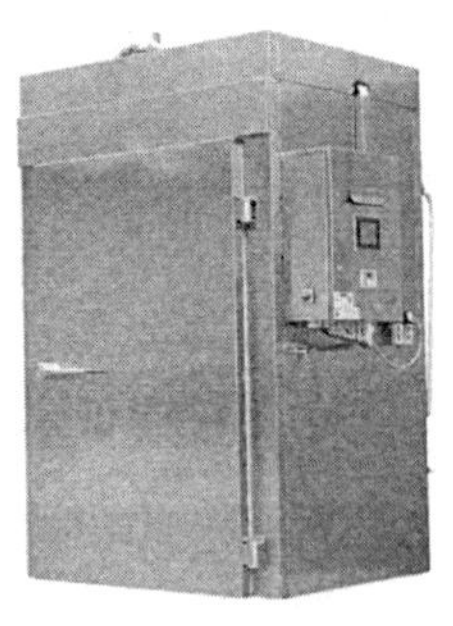

图 3-4　烘烤设备

（二）绞制搅拌及灌装机械与设备

腌腊肉制品家庭制作不需加工设备，但要形成一定规模，则必须有加工作坊的基本配套设施设备，扩大规模的加工厂更需基本设备设施做支撑，以提升工效和加工效益，保证产品优质安全，提高产品市场竞争力。用于腌腊制品加工的设备主要包括绞切、混合、灌装、干燥、烟熏、包装等设备。

1. 切肉、 绞肉设备

切肉、绞肉设备是用于将原料肉切割或绞切成颗粒大小不同的专用设备。利用该类设备可将不同规格的肉块绞切成不同大小的肉片、肉丁或肉块，以适合腊肠等产品的进一步加工。冷却肉的最佳切割温度范围是在－2～4℃,而冻肉切割温度则可达－18℃，可省略解冻工序。该类设备可选择与输送、提升机配套使用，组成自动加工生产线。几种常用的切割设备见图 3-5。

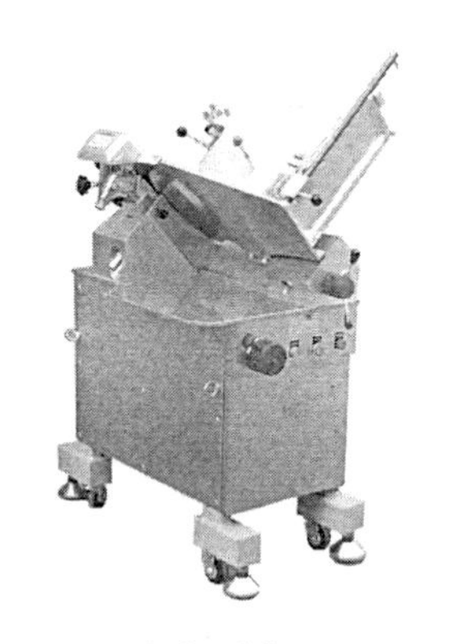

立式切片机

切丁机

普通绞肉机

简易商用绞肉机

图 3-5　几种常用的切割设备

2. 绞拌设备

包括各式搅拌机，用途是将已绞碎的肉馅或肉块与各种添加剂、辅料等混合均匀。根据结构可分为单搅拌轴、双搅拌轴等不同类型。根据用途

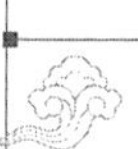

又可分为真空或普通型。两种常用的搅拌设备见图 3-6。

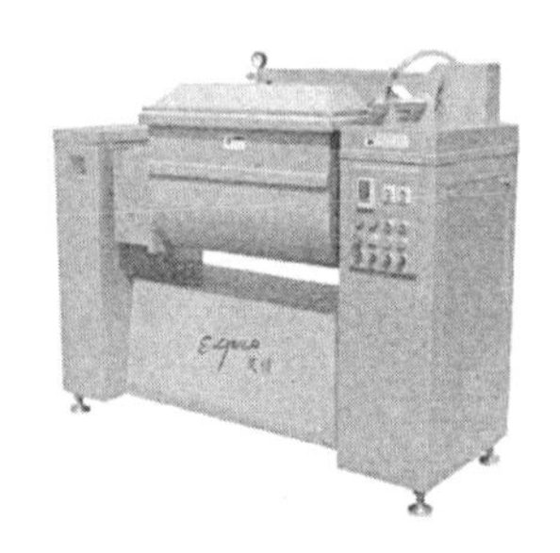

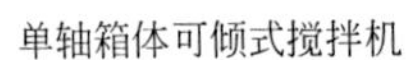

单轴箱体可倾式搅拌机　　真空搅拌机

图 3-6　常用的搅拌设备

3. 灌装设备

包括各类灌肠机、充填结扎和打卡机等。灌肠机的用途就是将已制作好的肉馅根据产品要求灌入各种不同规格的肠衣中。打卡机将经定量分份的肉制品肠衣两端打卡锁紧。几种常用的灌制、打卡设备见图 3-7。

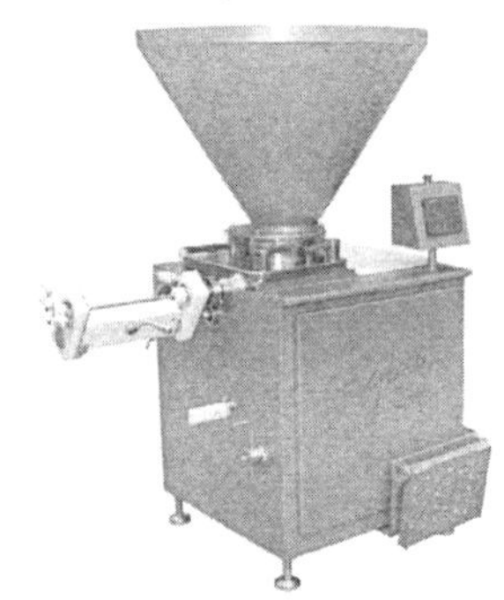

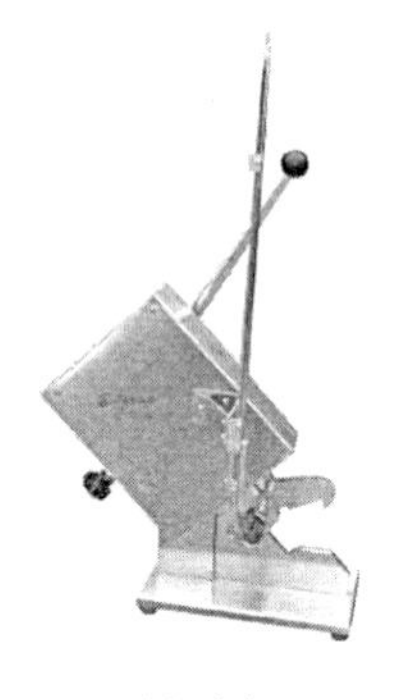

液压灌肠机　　真空灌肠机　　手动打卡机

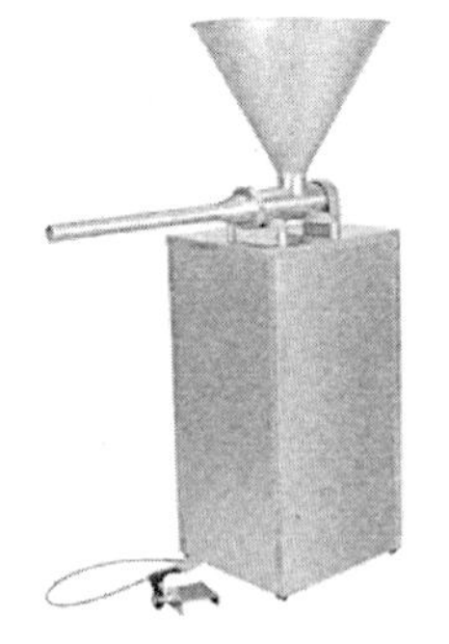

电动灌肠机　　简易电动灌肠机

图 3-7　几种常用的灌制、打卡设备

（三）包装设备

此类设备的用途就是根据产品包装要求，对装有半成品或成品的包装袋进行密封。包括简易封口机、真空包装机（图 3-8）、气调包装机等类型。真空包装机可将包装袋内的空气抽掉，达到一定的真空度后，完成封口工序。抽掉氧气的目的，是为了抑制需氧微生物的生长和防止食品的氧化或霉变。

双室真空包装机

单室真空包装机

图 3-8　真空包装机

第四章　猪肉腌腊肉制品加工

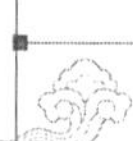

一、 咸肉

（一）四川咸肉（图 4-1）

图 4-1　四川咸肉

1. 工艺流程

原料选择→修割整理→上盐腌制→成品。

2. 配方

原料：猪肉 50 千克。

辅料：精盐 7～10 千克，硝酸钠 25 克。

3. 技术要点

（1）原料选择　猪经卫生检验合格，猪屠宰时放净血液，放血不净或空气进入肉的皮层内，经腌制后肉质发黑、发酵，从而严重影响产品质量。不能采用传统手工屠宰打气或吹气方式屠宰的猪肉。鲜猪肉在腌制前必须摊开冷却晾透，避免腌制后发生异味。

（2）修割整理

① 把整头鲜猪肉劈成两片，割去头尾，去掉淋巴、血污、碎肉、脂肪和零碎肉等，里脊肉也应去掉。

② 开刀门，方法如下：每片在颈肉下第一根肋骨中间用刀戳进去，刀口宽度约 9 厘米，深度约 6 厘米，以戳到白膘为度，并把扇骨掀起，前脚下节骨要切断，但皮面要连着。后腿要前、后、中各开一刀，前面的一刀要通过脚膀骨，其余肋骨间划 2～3 刀，使盐分易渗入。前后腿的蹄筋要抽去。如在深秋至初春 15℃以下气温腌肉，不易变质，上述各处刀门都不用开，蹄筋也不必抽。

③ 如整头鲜猪肉先割头、尾后开片和剥板油，则割头时不要使喉下

肉留在猪头上，以增加咸肉成品率。开片时必须把头骨和脊椎骨劈匀，不能偏左、偏右或劈碎，否则成品不整齐，蝇蛆也易在碎骨缝间生长。开片后要将脊椎骨中的骨髓去掉，因为骨髓最易发臭，影响咸肉品质。

(3) 上盐腌制

① 原料修整好后给每片肉上盐，将手从刀门伸进肉里，刀门内肉缝间要全部擦到盐，否则肉易变质发臭。前夹后腿部分和脊椎骨上面因肉厚骨多，不易腌透，必须多用盐。肋条肉薄可少用盐，胸膛中因盐卤可以自行流入不需用盐，同时四只脚脖（脚踝附近）上都必须用盐擦匀。此外，天热时肉皮外面要全部用盐擦到，天凉时肉皮外不需擦盐。加盐多少要根据肉身大小、气温高低及操作人员技术的高低来决定，一般第一次上盐用量为每 50 千克鲜肉 1.5～2 千克。

如做热水货（温度在 15℃以上的气候，为使盐迅速渗入肉层，以防变质而开刀门腌制的咸肉叫热水货）开大刀门，自初腌至腌制成熟每 50 千克鲜猪肉用盐约 10 千克，开小刀门用盐约 8.5 千克。如在冬季腌制咸肉及时出售，每 50 千克鲜猪肉需用盐 7～7.5 千克。为了保藏 3～4 个月而腌制的咸肉，必须腌透，但用盐量最多不超过 10 千克。

② 第一次上盐后即将肉摊放在篾席或木板上，可使肉中血水排出，制成的咸肉颜色较白，品质优良。摊肉时皮面朝下，肉面朝上，一片一片地排成梯形，要使肉的前身较高，一层压一层，只能压上 4～5 层。奶脯处稍向上堆成袋形，以使盐卤集中在肋条处。

硝酸钠用量为每 50 千克猪肉 25 克，如在冬季腌咸肉，因气温低（13℃以下），肉质不易腐败，硝酸钠用量可按热水货减少 20%。但无论做热水货或在冬天腌咸肉，都是在初腌时把硝酸钠一次性拌在盐内。

③ 摊放第二天即将肉第二次上盐，一般用盐量为 3.5～4 千克。用盐后仍需把肉一片一片堆放，肉少可用 8 片打底，肉多可用 12 片或 20 片打底不受限制，视场地大小而定，场地大可堆低一点，场地小可堆高一点，一般高度 24～36 层。主要堆法是要把每片肉一排压一排，一层压一层，面积要堆得平整，正中间堆得既不能凸出来，又不能过于凹下去，使卤不易流出，必须做到每片肉胸膛中间都要有盐卤。上堆时要仔细，不能把前夹后腿及脊椎骨上的盐脱掉，否则，必须及时补盐，以防变质。如天气暴冷、暴热时，必须翻堆加盐，因为肉堆内外温度不均匀，如不翻堆，在暴冷时虽然肉堆外面温度低不脱

盐，但肉堆里面温度高易脱盐。在暴热时肉堆外面温度高容易脱盐，肉堆里面温度低脱盐较迟。因此，在以上这些气候不正常情况下，必须及时翻堆，一方面调剂内外温度均匀，使成品咸淡一致；另一方面不使肉脱盐受热，避免成品有酸味和臭味等变质现象。

4. 规格标准与产品特色

四川咸肉外表干燥清洁，有光泽，肌肉呈红色或暗红色，脂肪切面为白色或红色，质地紧密而坚实，切面平整，具有咸肉固有的风味，咸度适中，味道鲜美。

（二）浙江咸肉（图 4-2）

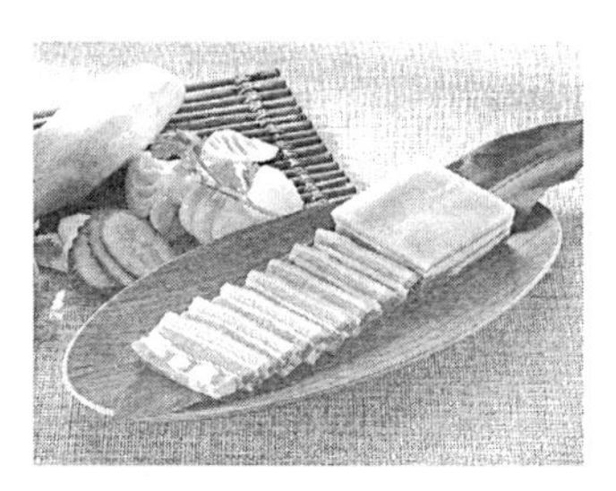

图 4-2　浙江咸肉

1. 工艺流程

原料整理→腌制→复盐→第三次上盐→成品。

2. 配方

原料：猪肉 50 千克。

辅料：精盐 7～10 千克，硝酸钠 20～25 克。

3. 技术要点

（1）选择健康无病的猪肉，屠宰时严禁打气、吹气和放血不净（否则腌制后的制品肉质容易发黑和变质），修去周围的油脂和碎肉，表面应完整和无刀痕。

（2）先把精盐（最好事先炒一下）与硝酸钠充分混匀，用手均匀地涂擦在肉的内外层，然后将肉放在干净的竹席和木板上。第一次用盐量是1～2千克，目的是使肉中水分和血液被盐渍出来。

（3）第二天将盐渍出来的血水倒去或用干净的毛巾揩去，并用手用力地挤压出肉内剩余的血水。按上述方法继续用盐（复盐）3～4 千克。用盐后把肉堆在池内或缸内，也可继续放在竹席和木板上（但不如在池或缸中的质量好），必须堆叠整齐，一块紧挨一块，一层紧压一层，中间不得突出和凹入，使每两层肉的中间都存有盐卤。

（4）第三次复盐是在第二次复盐后的第八天，用盐量 2～3 千克，方法同上。再经 15 天即成。本方法是在春秋季节和用大级、中级肉干腌的方法。如果气温在 2～3℃的冬季或用小块肉进行腌制，可一次上足盐、硝酸钠，每 5 天翻垛一次，共腌制 20 天即成。为了延长咸肉的保存时间，或在气温稍高的春、秋季节腌制，可加大盐和硝酸钠的用量，但盐量最多不得超过 10 千克，硝酸钠最多不得超过 30 克。

4. 规格标准与产品特色

浙江咸肉成品外观洁净，瘦肉颜色红润坚实，肥肉红白分明；食之咸度适中，味道鲜美，耐久藏。

（三）上海咸肉（图 4-3）

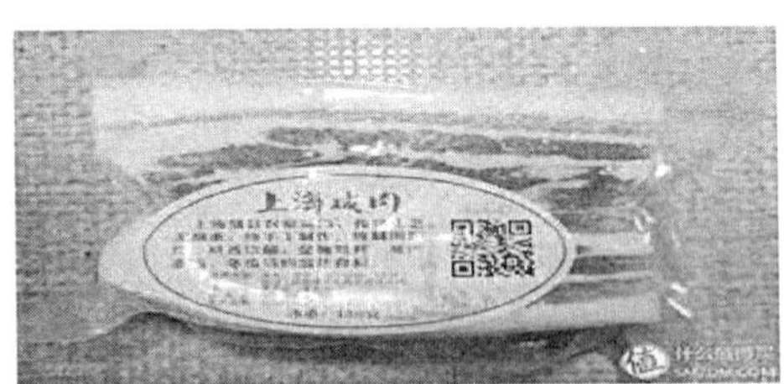

图 4-3　上海咸肉

1. 工艺流程

选料→修整整理→上盐腌制→成品。

2. 配方

原料：鲜猪肉 50 千克。

辅料：食盐 7～8.5 千克。

3. 技术要点

（1）选用去头去尾、去板油的整片鲜（冻）猪肉，割除伤斑、血污，修净血槽（槽头出血处）、护心油、肚腔内散油、精肉上黏膜、腰肌肉上的散油，割开腿面和胸柱骨，撬去夹心上第一根肋骨和夹心上边的三根鱼鳞骨，开刀门操作时，落刀的部位要看准。通常使用的直刀门视猪身大小和气候冷热的不同，分别对待，一般开 6 刀即可。猪身小的可少开 1～2 刀或刀口开小些，猪身大的可多开 1～3 刀或刀口开大些；气温低时可少开一刀或刀口开小些，气温高时可多开刀或刀口开大些。

第一刀，将捅刀在第一根肋骨前刺进夹心，刀面稍斜，紧靠扇子骨，至蹄膀骨做一直刀，刀度较深（该处肉最厚）。

第二刀，在第一根肋骨上鱼鳞骨处，内宽外窄，一字形划一横刀，刀口深至扇子骨，宽 13～14 厘米，刀度最浅。

第三刀，将捅刀在第三根肋骨处点（戳）一刀。

第四刀，将捅刀在第五根肋骨处点（戳）一刀。

第五刀，捅刀略斜，戳入后腿车尖骨开一直刀，刀口深至肥膘，宽约 3 厘米，并随手割断肉内筋脉。

第六刀，捅刀略斜，戳入上骱骨，然后刀口深至肥膘，开一直刀，宽 7 厘米左右。

开刀门时，也可以不采用第一刀和第二刀用捅刀开刀门的办法，而是用大方头刀在夹心部位斩两个明刀，深度到肥膘，不要斩穿皮面，以免肉内盐汁漏掉。

（2）腌制时第一次上盐，称初盐。先把肉坯放在案板上，皮面朝上，撒一层薄盐，在皮面用手擦一下，以防止皮面因水分蒸发而发黏。然后将肉身翻转，肉面朝上，用少量的盐在颈项落刀处和脚爪、脚圈、脚缝周围擦一下，每整片肉面上撒一层薄盐，有刀门的地方，必须将盐塞进去，使肉体内残存的血水排出。初盐要做到“匀”“全”“少”。堆码时，平搬、轻放，堆放要整齐；前部稍低，后部稍高，肉面朝上，皮面朝下，奶脯处稍微向上，好似袋形，以使盐汁集中在胸腔处。补盐的用盐量，每 50 千克猪肉为 1.5 千克左右。

第二次上盐，称大盐，在初盐后隔天进行。每 50 千克猪肉用盐 3 千克左右。对央心（猪心附近的部位）、背脊、后腿等肉身较厚的部位及第三、四根肋骨处用盐量要多，靠背脊骨凹进去的肋骨部位要用盐抹到，肋骨上和奶脯处用盐少些。

第三次上盐，称复盐。一般在上大盐后的第 4 天进行。复盐一般需要上 3 回，每回相隔 4～6 天，用盐量（按 50 千克白肉计）为第一回用 2 千克左右，第二、三回各用 1 千克左右。每次复盐时，都要把肉面上的盐汁倒去。

从初盐到成品整个腌制过程中，腌制时间一般为 25 天，如气温高，肉身小，盐汁渗透快，腌制时间可缩短；反之，就要延长。

4. 规格标准与产品特色

上海咸肉外观洁净，瘦肉颜色红润坚实，肥肉红白分明，咸度适中，味道鲜美。

（四）家庭腌咸肉（图 4-4）

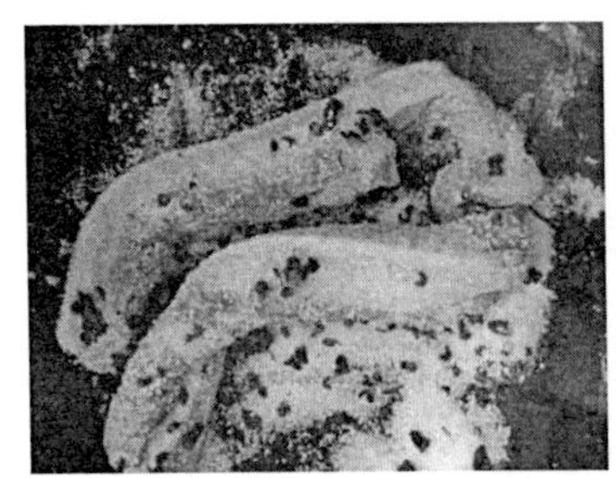
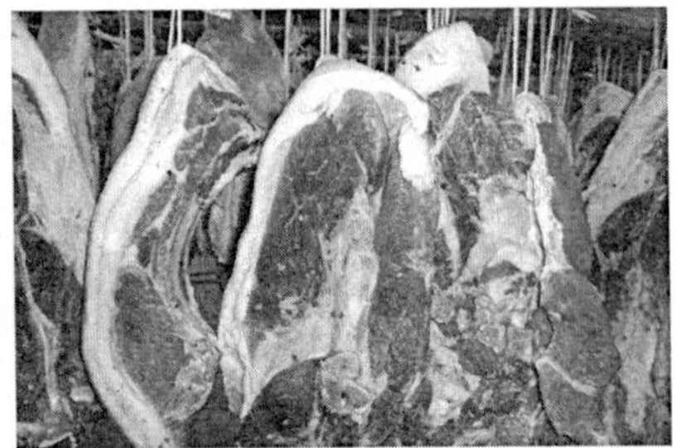

图 4-4　家庭腌咸肉

1. 工艺流程

选料→腌制→风干→成品。

2. 配方

原料：猪腿肉 5 千克。

辅料：精盐 750 克，花椒 15 克。

3. 技术要点

（1）选料：选用皮薄肉嫩的腿肉，用干布揩净肉面血污毛垢。将精盐与花椒放入锅内加热煸炒，至花椒香味溢出。

（2）先将肉块较厚部位用刀尖开两个口，然后将炒盐用手均匀地擦在肉块的表面和刀口内，放入盆中，用石块压紧，放入冰箱中腌制 7～10 天。

（3）将腌制好的腿肉扎上绳，挂在阴凉通风处，使其自然干燥。

4. 规格标准与产品特色

家庭腌咸肉肉质硬实，色泽红白分明。将风干好的咸肉放入蒸锅中，蒸煮至熟，出锅冷却即可食用，口味香郁鲜美。

二、腊肉

（一）湖南腊肉（图 4-5）

图 4-5　湖南腊肉

1. 工艺流程

修肉切条→配制调料→腌渍→洗肉坯→晾制→熏制→成品。

2. 配方

原料：猪肉 10 千克。

辅料：食盐 630 克，花椒 10 克，硝酸钠 5 克，酱油、白酒（含乙醇 45%～60%）、白糖（白砂糖或绵白糖）、桂皮、八角、小茴香、胡椒等适量。

熏料：杉木、梨木和不含树脂的阔叶树类的锯屑，也可用混合枫球（枫树的果实）、柏枝、瓜子壳、花生壳、玉米芯等。

3. 技术要点

（1）选择符合要求的原料肉，刮去表皮上的污垢（冻肉在解冻后修刮）及盖在肉上的印章，割去头、尾和四肢的下端，剔去肩胛骨、管状骨等，按质量 0.8～1 千克、厚 4～5 厘米的标准分割，切成带皮带肋条的肉条。如果生产无骨腊肉，就应剔除脊椎骨和肋条骨，切成带皮无骨的肉条。无骨腊肉条的标准：长 33～35 厘米，宽 3～3.5 厘米，重 5000 克左右。家庭制作的腊肉肉条，大都超过上述标准而且大都是带骨的。

肉条切好后，用尖刀在肉条上端 3～4 厘米处穿一小孔，便于腌渍后穿绳吊挂。这一过程应在猪屠宰后 4 小时或冻肉解冻后 3 小时内操作完毕，在气温高的季节，更应迅速进行，以防肉质腐败。

（2）腊肉的调料标准随季节的不同而变化，原则是气温高、湿度大，用料要多一些；气温低、湿度小，调料要少用一些。

（3）腌制方法可分干腌、湿腌和混合腌制 3 种。

① 干腌：取肉条与干腌料在案上擦抹，或将肉条放在盛腌料的盆内搓擦都可。搓擦时通常是左手拿肉，右手抓着干腌料在肉条的肉面上反复搓擦，对肉条皮面适当擦，搓擦时不可损伤肌肉和脂肪，擦料要求均匀擦遍。擦好后按皮面朝下、肉面向上的次序，放入腌肉缸（或池）中，顶上一层则皮面朝上。剩余的干腌料可撒布在肉条的上层。腌制 3 小时左右应翻缸一次，翻缸时也就是把肉条从上到下依次转移到另一个缸（或池）内，翻缸后再腌 3～4 小时，共 6～7 小时，腌制全过程即完成，转入下一工序。

② 湿腌：是腌渍去骨腊肉的常用方法，取切好后的肉条逐条放入配制好的腌渍液中，腌渍时应使肉条完全浸泡到腌液中，腌渍时间为 15～18 小时，中间要翻缸 2 次。

③ 混合腌制：混合腌制就是干腌后的肉条再充分利用陈的腌制液，以节约调料，加快腌制过程，并使肉条腌制更加均匀。混合腌制时食盐用量不超过 6%，使用陈的腌制液时，要先清除杂质，并在 80℃煮 30 分钟，然后过滤，冷凉后备用。

家庭采取混合腌制时是先将肉条放在白酒中浸泡片刻，或在肉条上喷洒白酒，然后搓擦干腌料，擦好后放入容器内腌制 20 天左右。

腌制腊肉无论采用哪种方法，都应充分搓擦，仔细翻缸，腌制室温度保持在 0～5℃，这些是腌制的关键环节。

（4）腌制好的肉条要进行清洗（洗肉坯或做肉坯）。肉坯表面和里层所含的调料量常有差别，往往是表面多于内部，尤其是春秋季的制品，这种现象较多，表层过多的调料和杂质，易使制品产生白斑（盐霜）和一些有碍美观的色调。所以在肉坯熏制时要进行漂洗，这一过程叫做洗肉坯，是生产带骨腊肉的一个主要环节。去骨腊肉含盐量低，腌渍时间短，调料中有较多的糖和酱油，一般不用漂洗。家庭制作的腊肉，数量少，腌制的时间较长，肉皮内外调料含量大体上一致，所以不用漂洗。洗肉坯时用铁钩把肉坯吊起，或穿上长约 25 厘米的线绳，在清洁的冷水中摆荡漂洗。

（5）肉坯经过洗涤后熏制前要进行晾制，这个工序叫做晾水。晾水是将漂洗干净的坯连钩或绳挂在晾肉间的晾架上，没有专门晾肉间的，可挂在空气流通而清洁的场所。晾水的时间一般为 1 天左右。但应视晾肉时的温度和空气流通情况适当掌握，温度高，空气流通快，晾水时间可短一些，反之则长一些。这些肉坯晾水时间还根据用盐量来决定。一般是带骨肉不超过半天，去骨腊肉在 1 天以上。

肉坯在晾水时如果风速大（五级风以上），时间太长其外皮易形成干皮，在熏烟时带来不良影响。如果时间太短，表层附着的水分没有蒸发，就会延长熏制时间，影响成品质量。晾水时如遇阴雨，可用干净纱布抹干肉坯表层的水分后，再悬挂起来晾干，以免延长晾干时间或发霉。

（6）熏制又称熏烤，是腊肉加工的最后一个工序。熏料的好坏直接影响腊肉的质量，选用熏料时应注意以下几点：熏料应熏味芳香、浓厚、无不良气味、干燥，含水量 20%以下；熏料应是烟浓，火小，能在温度不高时发挥渗透作用，并能从表面渗入到深部。

通常是熏制 100 千克肉块用木炭 8～9 千克，锯末 12～14 千克。熏制时把晾干水的肉坯悬挂在熏房内，悬挂的肉块之间应留出一定距离，把烟熏均匀。然后按用量点燃木炭和锯末，紧闭熏房门。

熏房内的温度在熏制开始时控制在70℃，待3～4小时后，熏房温度逐步下降到50～55℃，在这样的温度下保持30小时左右。锯末等调料拌和均匀，分次添加，使烟浓度均匀。熏房内的横梁如系多层，应把腊肉按上下次序调换，使各层腊肉色泽均匀。

4. 规格标准与产品特色

湖南腊肉的特点为肉皮色金黄，脂肪似腊，肌肉橙红，具有浓郁的烟熏香味和咸淡适宜的特殊风味。腊肉容易保藏，通常可保藏一年左右，这样可以调节淡旺季节，保证市场需要，而且比运输鲜肉方便，不需冷藏。

（二）四川腊肉（图4-6）

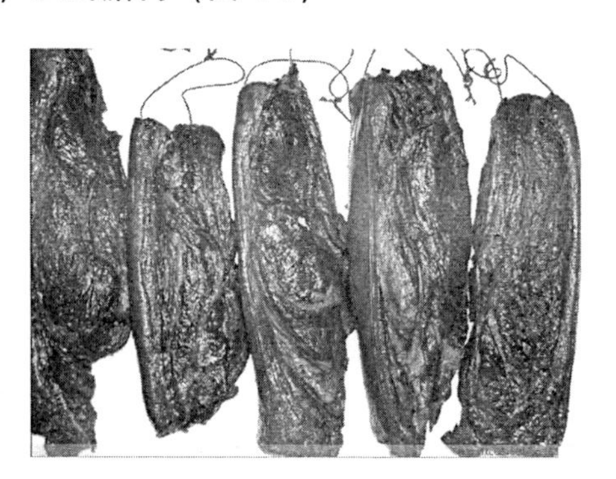

图4-6　四川腊肉

1. 工艺流程

选料→腌制→清洗→晾晒→成品。

2. 配方

原料：带皮猪肉10千克。

辅料：精盐700～800克，白糖100克，白酒16克，五香粉16克，硝酸钠5克。

3. 技术要点

（1）选用前夹（主要是前腿）、后腿、保肋三线（五花肉的一部分）等部位的鲜肉，剔去骨头，整修成形，再切成长35厘米、宽约6厘米的肉条。

（2）将精盐、白酒、白糖、五香粉、硝酸钠混匀，再均匀搓抹在肉块上，肉面向上，皮向下，平放在瓷盆中，腌制3～4天，翻倒一次，再腌3～4天。

（3）腌好的肉条用温水洗刷干净，穿绳，挂在通风处，晾干水分。

（4）将晾干水分的猪肉条挂在日光下暴晒；至肥肉色泽金黄、瘦肉酱红为止，再挂在干燥、阴凉处储存。

4. 规格标准与产品特色

四川腊肉是四川省民间传统风味肉制品，已有几百年的历史，久盛不衰。其成品呈长条形，有皮无骨，瘦肉酱红，肥膘乳白，具有腊香味。

（三）南宁腊肉

1. 工艺流程

选料→切条→腌渍→晾晒、烘培→成品。

2. 配方

原料：五花脯肉 10 千克。

辅料：食盐 150 克，白糖 500 克，酱油 400 克，曲酒 250 克，红油和五香粉适量。

3. 技术要点

（1）选用符合卫生检验要求的新鲜猪体中部的五花肉，肥瘦适中者最佳。选好的猪肉割去皮层，切成长 40 厘米、宽 1.4 厘米的肉条。

（2）切好的肉条加食盐、酱油、曲酒、白糖、红油、五香粉，搅拌均匀，腌渍 8 小时，隔 4 小时搅拌一次。

（3）腌好的猪肉条穿上细麻绳，挂在阳光下晾晒，夜间放入烘房烘培。如此连续 3 天，至肉质干透，即为成品。

4. 规格标准与产品特色

南宁腊肉，条块整齐，干爽一致，肉质鲜明，富有光泽，肥肉透明，爽脆不腻，瘦肉甘香，腊味浓郁。

（四）广东腊肉（图 4-7）

图 4-7　广东腊肉

1. 工艺流程

原料选择→剔骨、切条→腌制→烘烤→包装→成品。

2. 配方

原料：去骨猪肋条肉 100 千克。

辅料：白糖 3.5 千克，硝酸钠 50 克，精盐 1.9 千克，大曲酒 1.6 千克，白酱油 6.3 千克，香油 1.5 千克。

3. 技术要点

（1）选择新鲜猪肉，要求是符合卫生标准的无伤疤、不带奶脯的肋条肉。

（2）刮去净皮上的残皮及污垢，剔去全部肋条骨、椎骨、软骨，修割整齐后，切成长 35～50 毫米、每条重 180～200 克的薄条肉，并在肉条上端用尖刀穿一个小孔，系上 15 毫米长的麻绳，以便于悬挂。把切条后的肋条肉浸泡在 30℃左右的清水中，漂洗 1～2 分钟，以除去肉条表面的浮油，然后取出，沥干水分。

（3）按上述配料标准先把白糖、硝酸钠和精盐倒入容器中，然后再加入大曲酒、白酱油、香油，使固体腌料和液体调料充分混合均匀并完全溶化后，把切好的肉条放入腌肉缸或盆中，随即翻动，使每块肉条都与腌制液接触，如此腌渍 8～12 小时（每 3 小时翻一次缸），使配料完全被吸收后，取出挂在竹竿上，等待烘烤。如有没腌着的，需要入缸重新再腌。

（4）挂竿后放在阳光充足的地方晾晒 3～4 小时，也可不晒，沥干后直接进入烘房。晾晒的目的是为了节约能源。但这要看气象条件。

烘房系三层式。肉在进入前，先在烘房内放火盆，使烘房温度上升到 50℃，这时用炭把火压住，然后把腌好的肉条悬挂在烘房的横竿上。将火盆中压火的炭拨开，使其燃烧，进行烘制。

烘烤时温度不能太高，也不能太低，底层温度控制在 80℃左右。温度太高会将肉烤焦，太低则使肉的水分蒸发不足。烘房内的温度要求均一，如不均匀可移动火盆，或将悬挂的肉条交换位置。如果是连续烘制，则下层应悬挂当天进烘房的肉条，中层系前一天进烘房的，上层则是前两天腌制的，也就是烘房内悬挂的肉条每 24 小时往上升高一层，最上层经 72 小时烘烤，表皮干燥，并有出油现象，即可出烘房。

烘烤后的肉条送入通风干燥的晾挂室中晾挂冷却，待肉温降至室温即可。如果遇到雨天，应将门窗紧闭，以免吸潮。

（5）晾凉后的肉条用竹筐或者麻板纸箱盛装，箱底应用竹叶垫底，腊肉则用防潮蜡纸包装，应尽量避免在雨天包装，以保证产品质量。

腊肉最好的生产季节是农历每年11月至第二年2月间，气温在5℃以下最为适宜，如高于这个温度则不能保证质量。

4. 规格标准与产品特色

广东腊肉质量标准除符合国家腌腊制品标准外，产品具有色泽金黄、香味浓郁、味道鲜美、肉质细嫩有脆性、肥瘦适中等特点，是过年过节十分畅销的肉类佳品。炒菜、蒸煮、做馅均很适宜。在现代加工及流通贮运中，大多是采用真空包装后在不高于20℃条件下贮藏。

（五）江西腊猪肉

1. 工艺流程

原料整理→腌制→晾干→烘干→成品。

2. 配方

原料：猪肉（以猪的肋条肉为最好，前、后腿肉亦可）50千克。

辅料：有色酱油1千克，精盐2千克，白砂糖2.5千克，硝酸钠25克，五香粉150克，味精150克，60度高粱酒750克。

3. 技术要点

（1）腌腊肉的原料要求不严，夹心（主要是五花脯肉）、肋条肉和腿肉均可，但必须剔除所有骨头，将皮面上的残血刮净，然后切成长约45厘米、宽约5厘米、肥瘦兼有的条肉。

（2）将拌匀的上述各配料用手逐条擦于肉内面及肉皮上，然后一层一层整齐地平铺在池中或缸内，将剩余配料全撒在池或缸的上面进行腌制。辅料用量应视气候情况而增减，一般春、冬季用量酌减，夏、秋季用量酌增。腌制12小时后即行翻缸，翻缸后再腌12小时即可出缸。

（3）条肉出缸后需用干净的湿毛巾擦净条肉上的白沫和污物（脏毛巾易造成污染），再用铁针或尖刀在上端刺一小洞，穿上麻绳挂在竹竿上，放于干燥通风的地方，让其表面水分自然晾干。

（4）待表面晾干后即可装入烘房烘制。烘房可分上、中、下三层挂竹竿，竿和竿、肉和肉之间均需保持一定的距离，以不互相挤压为度。烘房内的下面一层最好挂当天新腌制的肉条。如烘房内肉系同一天腌制的肉条，每隔2～3小时应上下调换位置，以防烤焦和流油。烘房内多以木柴和煤作热源，温度应控制在50～55℃，一般开始时温度低（不超过

50℃)，中间温度高（55℃)，最后阶段的温度也低（50℃)。从肉条进烘房开始计算，一般烘烤肉的表面水分全干即为成品。

4. 规格标准与产品特色

江西腊猪肉成品为长条状，每条长约 40 厘米，宽约 4 厘米，重约 250 克，带皮无骨，肥瘦兼有。制品颜色金黄，咸甜适中，腊味浓香鲜美，是腊制品中的大宗制品。

（六）广州腊瘦肉

1. 工艺流程

选料→切条→腌制→晾晒→成品。

2. 配方

原料：猪瘦肉 50 千克。

辅料：精盐 1.5 千克，白酒 600 克，白糖 1.5 千克，硝酸钠 50 克，一级生抽 1.5 千克。

3. 技术要点

（1）选用符合卫生检验要求的猪瘦肉，切成长条状或小块状。

（2）将切成长条状的猪瘦肉加精盐、白酒、白糖、一级生抽、硝酸钠，搅拌均匀，再腌制 4～5 小时。

（3）腌好的肉条用小麻绳穿好，挂在日光下暴晒，晚上挂在干燥通风处。如此经过 4 天，即为成品。

4. 规格标准与产品特色

广西腊瘦肉是广州地方产品，其色泽红润，腊香可口。

（七）腊肥肉

1. 工艺流程

原料整理→腌制→烘烤→成品。

2. 配方

原料：猪肥肉 10 千克。

辅料：精盐 0.5 千克。

3. 技术要点

（1）挑选大肥猪最厚处的肥肉（越肥越好），切成整齐的重约 0.3 千克的条肉。

（2）用经过粉碎的精面盐与条肉充分揉和，腌制 24 小时。用麻绳穿过，挂于竹竿上。

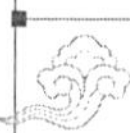

（3）白天可将腌好的条肉挂于竹竿上，放在阳光下晾晒，夜间送于50℃的烘房内烘烤。约3天，烘至表面略硬即取出，待自然干爽即可。有条件的也可经腌制后直接送入烘房进行烘制，一般持续烘烤48小时即可。

如果在阳光下晾晒干燥，应随时注意天气变化，一旦起风，应立即将肉转入室内。因腊肥肉一经落上灰尘，则不易洗掉，致使表面污秽发灰，影响成品质量。

4. 规格标准与产品特色

制品长条状，每条长约40厘米、宽约4厘米、重约250克。成品全肥，色白，表面略硬，指按无痕，不粘手，无异味。主要作为糕点、糯米饭等配料用。

（八）腊乳猪

1. 工艺流程

原料整理→腌制→烘烤→成品。

2. 配方

原料：乳猪（整只小猪）1只（约5千克）。

辅料：精盐200克，白酒150克，白糖300克，硝酸钠2.5克，酱油150克。

3. 技术要点

（1）将6.5千克左右的乳猪屠宰，煺净身上所有的猪毛及污物，开腔摘去所有的内脏并剔去颈背骨、胸骨及腿骨（剔骨时切勿划破表面）。然后用小竹棒将猪体撑开并铺成平面状（使猪体呈平卧姿势）。

（2）将已经混匀的所有配料均匀地涂擦在猪身内外，腌制5～6小时。每隔1小时应把从猪身上流下的配料往猪身上和内腔里再涂擦一次，使配料能充分渗入肉内。

（3）将经过腌制好的乳猪直接送入50℃的烘房进行烘制，烘制中应不断地调整和改变乳猪的位置和方向，以使猪体周围能烘制均匀。约烘制48小时，待手触猪皮有干硬感，猪表面呈鲜艳的赭色时即为成品。如天气很好，也可白天在阳光下晾晒，晚上转入烘房，连续3天即成。

4. 规格标准与产品特色

腊乳猪原产地为广东，为我国著名风味制品。成品为原只小猪，每只重2.5～3.5千克，色泽鲜明呈赭色。食用时可蒸煮或用火烤。入口骨脆、肉嫩、皮爽，为腊味中之佳品。此为名贵食品，多作宴会和馈赠礼品之用。

(九) 腊香猪

1. 工艺流程

选料→原料整理→修理→腌制→烘制→成品。

2. 配方

原料：香猪 1 头。

辅料：酱油、白糖、三花酒、食盐和猪肉的质量比为 10∶5∶4∶3∶100。

3. 技术要点

(1) 选用健康无病的七里香猪，作为加工的原料。

(2) 选好的香猪经宰杀、放血，60℃热水烫毛，刮洗干净（不可破皮）成光猪。

(3) 光猪开膛，取内脏，剔去猪骨，保留猪脚和猪尾。

(4) 辅料在一起混拌均匀，再均匀地涂抹在整理好的猪瘦肉部位，腌制 1 夜，然后用竹竿将猪的腹部撑开。

(5) 最后将猪吊起，放在阳光下晾晒或送入烤房焙烤，约需三天，猪体达到干身即成。

4. 规格标准与产品特色

腊香猪又称“广西香猪”，是广西巴玛等地的特产传统名食，历史悠久，据传最早见于清朝末年。产品猪皮色鲜艳，呈奶黄色，油润光泽，入口爽脆，肉质干香，食而不腻，独具一格，为腊味中之珍品。

(十) 无皮腊花肉

1. 工艺流程

原料整理→腌制→烘烤→成品。

2. 配方

原料：猪无皮五花肉（肋条肉）50 千克。

辅料：精盐 1.5 千克，白糖 2.5 千克，酱油 1.75 千克，酱色 750 克，硝酸钠 25 克，50 度以上的汾酒 1.5 千克。

3. 技术要点

(1) 将剔除肋骨和除去腩尾过肥部分的五花肉切成长 38～42 厘米、宽 1.5～1.8 厘米、重 0.15～0.2 千克的整齐条肉。用温水清洗表面油腻并沥干水。

(2) 将以上配料（除去酱色）混匀加入已经沥干水的条肉中，腌制

3～4小时，每隔半小时翻缸一次。出缸时用干净毛巾擦干渗出的血水，再用毛刷将酱色均匀地涂擦于条肉上，穿好麻绳挂于竹竿上。

（3）将挂好在竹竿上的条肉先放在太阳下晾晒半天，待条肉表面收缩挺直，然后转入45～50℃的烘房内间断烘制24小时即成。

4. 规格标准与产品特色

无皮腊花肉是我国广东著名的传统风味制品之一。成品外观色泽光润鲜明，一层肥一层瘦，瘦肉坚硬呈枣红色，肥肉指按无凹痕，呈金黄色，宗条挺直，长短整齐。食之咸中带甜，鲜味可口，并带有浓郁的糖酒香味，是理想的佐餐和送礼佳品。

三、酱肉、熏肉

（一）京酱肉

1. 工艺流程

原料整理→腌制→压制→晾晒→泡制→复晒→成品。

2. 配方

原料：猪肉100千克。

辅料：酱油30千克，花椒面0.1千克，大料0.1千克，小茴香0.1千克，甘草（用细布过滤）0.1千克，食盐3千克。

3. 技术要点

（1）将猪后臀修整切平，割去碎头，旋成椭圆形，不要碰破骨膜。

（2）将食盐3千克，每天一次分5次抹在猪肉表面，共腌5～7天，每隔12小时翻动一次，挤出血水。

（3）腌制结束后将肉放在木案上压实。

（4）将压实的猪肉穿上绳子，晾晒一天。

（5）将晾晒好的肉放入缸内，用酱油泡制8天左右。

（6）复晒，即再晾晒一个月左右，直到干透，肉色由最初的淡红色变为紫红色。

4. 产品特色

北京酱肉又称北京清酱肉，简称京酱肉，是我国传统食品，著名北京特产，至今已有400多年的历史。产品色泽酱红，肉丝分明，入口酥松，清香鲜美，肥肉薄片，晶莹透明，瘦肉片则不柴不散，风味独特。

（二）上海酱风肉

1. 工艺流程

原料选择→切条整理→清洗沥干→拌料腌制→挂晾烘烤→上酱→二次烘烤→扎制再烘烤→挂晾贮藏。

2. 配方

原料：猪肋条肉 2.5 千克。

辅料：

（1）白坯辅料：精盐 90 克，白酱油 100 克，白砂糖 150 克，大曲酒 75 克，硝酸钠 2.5 克。

（2）豆瓣酱辅料：纯黄豆豆瓣酱 2500 克，白砂糖 1250 克，大曲酒 150 克，大蒜末 20 克，硝酸钠 0.5 克。

3. 技术要点

（1）选用符合卫生检验要求的新鲜猪肋条肉，作为加工的原料。

（2）选好的猪肉修去横膈膜、奶脯，以 0.8 厘米为标准厚度切成薄条。切条要垂直，刀工整齐，厚薄一致，条头均匀，每条长 30 厘米左右，每 1000 克肉约切成 6 条。切好的肉条在上侧硬边处用尖刀戳洞，形成 0.3～0.4 厘米的洞眼，打眼的位置要适当，过高或过低均影响制品质量。

（3）肉条用 40℃左右的温水洗涤，洗去肉条上的浮油，硬膘发软后沥干水分。

（4）沥干的肉条放在盛器内，加入白坯辅料，搅拌均匀，每隔 2 小时翻拌 1 次，尽量使辅料渗至肉条内部，腌制 6～8 小时。

（5）腌好的肉条用细白麻绳穿入肉条的洞眼中。麻绳做到整齐，长短一致。

（6）穿好绳的肉条串在竹竿上，每条距离 2～3 厘米，送入烘房距离也为 2～3 厘米。房温保持在 45℃左右，待烘至 10 小时，肉条表层干燥，肉质发硬即停。

（7）加入豆瓣酱辅料调拌均匀。将初烘的肉条放入豆瓣酱里上酱，上酱比例是 30%左右（即 100 克料用酱 30 克），酱要上均匀。上好酱的肉条用粗草纸包起来，并留出绳头以便串竿，然后用水草扎紧。

（8）扎好的肉条串入竹竿，再送入烘房进行烘制，条件同第一次烘制。烘至 15～20 小时，待豆瓣酱表层干燥发硬时即可停止。

（9）第 2 次烘的肉条放入温水中浸泡一下，待草纸发软后，及时剥去草纸。肉条如有漏酱处要及时补足。最后用透明的玻璃纸包好，外用绿色棉纱线扎两道，再送入烘房。

(10) 送入烘房的肉条再进行第3次烘制，温度等条件同前两次，烘至肉条发硬时即可取出，即为成品。酱风肉的贮藏一般是挂在竹竿上，置于干燥通风处，不宜叠放。

4. 产品特色

上海酱风肉是上海特产，产品肉条整齐，上酱均匀，肉质较硬，色泽棕黄，包装完整，透明宜人，造型美观。食用时放入器内用隔水蒸的方法，熟制后切片，鲜香甜润，风味独特。

(三) 江苏吴江酱肉

1. 工艺流程

工艺一：腌制→浸制→晾晒→成品。

工艺二：浸制→风干→成品。

2. 配方

原料：选择新鲜的连皮带骨猪肉（腿肉、肋条）、蹄子等均可。

辅料：每100千克鲜肉，用食盐5～6千克、赤酱油20千克左右。

3. 技术要点

工艺一：

(1) 鲜猪肉先用食盐均匀搓擦后放入盛器内，上面压以重物，经过一周后取出。

(2) 用清水洗去肉面盐粒和血污，待晾干后放进缸内，随即加进赤酱油（以肉面不露出为原则），浸腌10天左右。

(3) 当肉呈酱褐色时，即可取出挂在室外阳光下晒7天左右，见肉已干缩，表面及肥膘处略有油分渗出，切开断面，膘白晶亮，肉色深红，即为成品。

采用此法腌制的酱肉，保管时间较长，每年“冬至”以后至次年“春节”前加工的产品，一般可以存放到“清明”前后仍保持色味不变。如在酱肉外部涂上一层黄豆酱或蚕豆酱，储存时间可延长到“夏至”后。

工艺二：

此法按照上述工艺，除省去盐腌一道工序外，其用赤酱油浸制的方法和过程与工艺一方法相同。但这类酱肉不宜存放过久，一般只能存放至“春节”。

酱肉晒透成熟后，应挂在室内通风处，不要包扎或盛于容器内。遇到较长时间阴雨天气，酱肉返潮或肉面出现霉点时，待到晴天要把酱肉挂于室外晒1～2天恢复正常。

4. 产品特色

江苏吴江酱肉是吴江县民间传统特产。每年农历“冬至”到“春节”前，家家户户都喜爱腌制酱肉自食。其色香诱人，食而不腻，肥瘦适宜，别有风味。

(四) 开封青酱肉

1. 工艺流程

原料选择→清洗造型→腌制→挂晾风干→成品。

2. 配方

主料：猪前后腿肉50千克。

辅料：精盐2千克，白酱油1千克，大茴香200克，花椒100克，山柰50克，草果100克，良姜100克，桂皮100克，丁香50克，肉豆蔻100克，陈皮100克，硝酸钠20克。

3. 技术要点

(1) 选用符合卫生检验要求的新鲜的猪前后腿，作为加工的原料。

(2) 选好的猪肉剔骨，洗净，修成呈芒果状造型。

(3) 精盐、花椒、大茴香、硝酸钠等粉碎再与肉拌匀，腌制2天，捞出，将肉平放在案板上，每天揉摩按压一次，一直连续7天；然后把肉放入池内，再加白酱油、桂皮、良姜、草果、陈皮等辅料，再腌制8天。

(4) 腌好的肉捞出，用细绳分块捆扎，挂在干燥阴凉通风处，风干，即成。

4. 产品特色

开封青酱肉是河南省开封市的历史传统名产，至今已有80多年的历史。产品色泽棕红，味香醇厚，肥而不腻，风味独特。

(五) 恩施熏肉

1. 工艺流程

原料选择→切块→上料腌制→熏制→成品。

2. 配方

主料：猪肉50千克。

辅料：食盐2～2.5千克。

3. 技术要点

（1）选用符合卫生检验要求的新鲜肥猪肉，作为加工的原料。

（2）选好的猪肉切成1.5～2.5千克的长条块状。

（3）切好的猪肉条块用食盐分3次涂擦，用干腌法，大约腌制10天，每隔3天上一次盐，并进行倒缸。

（4）腌好的猪肉条挂入熏房中，熏肉离地面距离以100～150厘米为宜。四周堆放柏树枝叶和柴禾等作燃料发烟，烟熏时，先小火点燃，然后再覆盖谷壳等作烟熏剂（如用核桃壳为烟熏剂其熏味芳香，为熏肉中的上品）。熏房温度要保持在40℃左右，持续熏制6～7天即成。

4. 产品特色

恩施熏肉是湖北省地方传统风味肉制品，产品色泽焦黄，肉质坚实，熏香浓郁，产品蒸、炒、炖食皆可，风味独特。

（六）济南熏肉

1. 工艺流程

原料选择→切块→盐制→上料复腌→熏烤→成品。

2. 配方

主料：猪瘦肉5千克。

辅料：食盐450克，香叶10克，小茴香15克，桂皮15克，花椒10克，丁香5克，大茴香15克，硝酸钠1克。

3. 技术要点

（1）选用符合卫生检验要求新鲜猪瘦肉，作为加工的原料。

（2）选好的猪肉剔去骨头，修去肥膘，然后将瘦肉切成小方块。

（3）猪肉块加食盐（150克）搓擦，干腌2小时左右。

（4）除硝酸钠以外的全部辅料放入锅中，加水以没过物料为准，加热烧沸，制成腌制液，再加硝酸钠，搅匀溶化。放入干腌的猪肉块，再进行湿腌，约腌制10天，期间要翻动2次。待肉的中间呈鲜红色，捞出，用清水洗净，沥干。

（5）沥干的猪肉块放入熏房中，房温要保持在50～60℃。用松木屑作为烟熏剂，进行熏制。熏7～8小时，待肉块表面呈黑紫色，并干燥略硬时，即可出炉。

（6）熏好的猪肉块出炉，晾凉后，即为成品。

4. 产品特色

济南熏肉是山东传统风味肉制品，距今已有50多年历史。产品表面干燥，不油腻，表面黑紫，切面红嫩，熏香浓郁，清爽可口，可充当点心，又可佐餐，营养丰富，风味独特。

（七）江苏枫肉

1. 工艺流程

原料选择→切条→上盐腌制→晾晒→酱制→再次晾晒→穿绳挂晾→成品。

2. 配方

主料：猪肉50千克。

辅料：精盐750克，硝酸钠10克，酱油适量。

3. 技术要点

（1）选用符合卫生检验要求的新鲜猪肋条肉，作为加工原料。

（2）选好的猪肋条肉去掉奶脯，再切成10厘米宽的长条。

（3）切好的猪肉条，先洒上硝水（硝酸钠溶解于少量水中），浸透，再加食盐，拌匀。待肉上的盐化后，放入盐卤中，浸渍20天左右起缸。

（4）出缸的肉经5～6小时晾晒，略干后，放入酱油中浸渍12小时。酱油用量要适中，使肉条咸味适宜即可。

（5）酱油浸好的猪肉，再经日光晒3～4天，使其干透发硬。最后用细麻绳将肉挂晾贮藏，即为成品。

4. 产品特色

枫肉俗称“条酱肉”，是江苏苏州传统名产，距今已有200多年的历史。产品皮色紫黄，肥膘微黄，精肉带赭赤色，鲜美可口，酱香浓郁，肉皮软烂，如与鲜肉同煮，其味更美。

四、 火腿

（一）金华火腿（图4-8）

1. 工艺流程

原料选择→修理腿坯→腌制→洗腿→晒腿→发酵→落架、堆叠、分等级→成品。

2. 配方

原料：鲜猪后腿100千克。

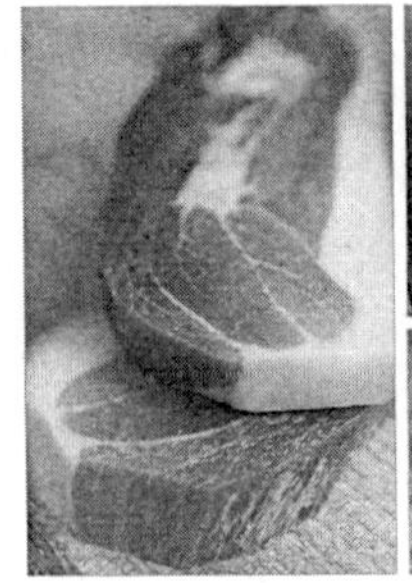
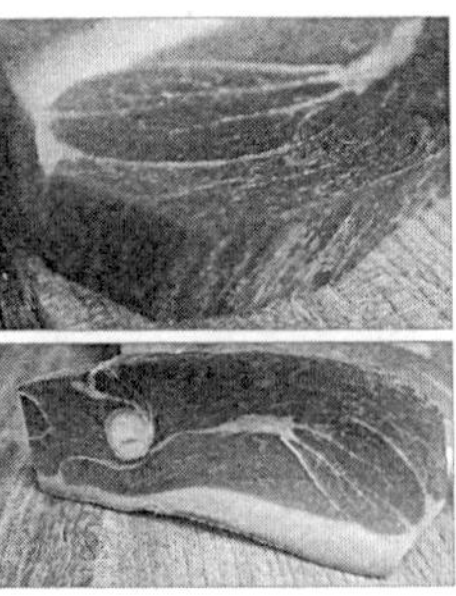

图 4-8　金华火腿

辅料：食盐 7～8 千克。

3. 技术要点

（1）原料选择：原料是决定成品质量的重要因素，金华地区猪的品种有两头乌、花猪、白猪、小溪乌、东阳猪、龙游乌、江山乌等。两头乌最好，其特点是：头小、脚细、皮肉多、脂肪少、肉质细嫩、皮薄（皮厚约 0.2 厘米，一般猪为 0.4 厘米），特别是后腿发达，腿心饱满。据测定，用这种猪的腿为原料制成的火腿，其组织成分（除小爪）是：皮 6.22%，皮下脂肪 30.25%，瘦肉 48.46%，肌肉间脂肪 4.4%，骨骼 10.58%。一般饲养 6～8 个月，猪的质量即达 60～65 千克，不盲目追求养过大、过肥的猪。

用于加工金华火腿，一般选每只重 5～6 千克的鲜猪后腿（指修成火腿形状后的净肉重）。要求屠宰时放血完全、不带毛、不吹气的健康猪。对个头过小，腿心扁薄、肉少，饲养时间长的，病、伤、黄膘等猪的腿一律不用。选料时划分等级标准如下：

一等：肉要新鲜，要求皮肉无损伤，无斑痕，皮薄爪细，腿心丰满。

二等：新鲜，无腐败气味，皮脚稍粗厚。

三等：粗皮大腿，皮肉无损伤。

（2）修理腿坯

① 整理：刮净腿皮上的细毛、黑皮等。

② 削骨：把整理后的鲜腿斜放在案上，左手握住腿爪，右手持削骨刀，削平腿部趾骨（俗称眉毛骨），修整股关节（俗称龙眼骨），并除去尾骨，斩去背脊骨，做到使龙眼骨不露眼，斩平背脊骨（留一节半左右），不“塌鼻”，不脱臼。

③ 开面：把鲜腿腿爪向右、腿头向左平放在案上，削去腿面皮层，

在胫骨节上面皮层处割成半月形。开面后将油膜割去。操作时刀面紧贴肉皮，刀口向上，慢慢割去，防止硬割。

④ 修理腿皮：先在臀部修腿皮，然后将鲜腿摆正，脚朝外，脚头向内，右手拿刀，左手揉平后腿肉，随手拉起肉皮，割去腿皮。割后将腿调头，左手掀出膝盖骨、股骨、坐骨（俗称三签头）和血管中的淤血，鲜腿雏形即已形成。

(3) 腌制：修整腿坯后，即转入腌制过程。金华火腿腌制是采用堆叠法，就是多次把盐、硝酸钠混合料撒布在腿上，将腿堆叠在“腿床”上，使腌料慢慢浸透，需 30 天左右，一般腌制 6 次。

第一次用盐（俗称出血水盐）：腌制时两手平拿鲜腿，轻放在盐箩上，腿的脚向内，在腿面上撒布一薄层盐，5 千克鲜腿用盐约 62 克，敷盐时要均匀，第二天翻堆时腿上应有少许余盐，防止脱盐。敷盐后堆叠时，必须层层平整，上下对齐，堆的高度应视气候而定。在正常气温下以 12～14 层为宜。堆叠方法有直腿和交叉两种。直腿堆叠，在撒盐时应抹脚，腿皮可不抹盐；交叉堆叠时，如腿脚不干燥，也可不抹盐。

第二次用盐（又称上大盐）：鲜腿自第一次抹盐后至第二天需进行第二次抹盐。从腿床上（即竹制的堆叠架）将鲜腿轻放在盐板上，在三签头上略用少许硝酸钠，然后把盐从腿头撒至腿心（腿的中心），在腿的下部凹陷处用手指轻轻抹盐，5 千克重的腿用盐 190 克左右。遇天气寒冷，腿皮干燥时，应在胫关节部位稍微抹上些盐，脚与表面不必抹盐。用盐后仍按顺序轻放堆叠。

第三次用盐（又称复三盐）：经二次用盐后，过 6 天左右，即进行第三次用盐。先把盐板刮干净，将腿轻轻放在板上，用手轻抹腿面和三签头余盐，根据腿的大小，观察三签头的余盐情况，同时用手指测腿面的软硬度，以便挂盐或减盐，用盐量以 5 千克腿约用 95 克计算。

第四次用盐（复四盐）：在第三次用盐后隔 7 天左右，再进行第四次用盐。目的是经上下翻堆后，借此检查腿质、温度及三签头盐溶化程度，如不够量要再补盐。并抹去黏附在腿皮上的盐，以防腿的皮色不光亮。这次用盐量为 5 千克腿用盐 63 克左右。

第五次用盐（复五盐）：又经过 7 天左右，检查三签头上是否有盐，如无再补一些，通常是 6 千克以下的腿可不再补盐。

第六次用盐（复六盐）：与复五盐完全相同。主要是检查腿上盐分是否适当，盐分是否全部渗透。

在整个腌制过程中，须按批次用标签标明先后顺序，每批按大、中、小三等分别排列、堆叠，便于在翻堆用盐时不致错乱、遗漏，并掌握完成日期，严防乱堆乱放。4千克以下的小只鲜腿，从开始腌制到成熟期，须另行堆叠，不可与大、中腿混杂，用盐时避免多少不一，影响质量。上述翻堆用盐次数和间隙天数，是指在0～10℃气温下，如温度过高、过低以及暴冷、暴热、雷雨等情况，则应及时翻堆和掌握盐度。气候乍热时，可把腿摊放开，并将腿上陈盐全部刷去，重上新盐；过冷的，腿上的盐不会溶化，可在工场适当加温，以保持在0℃以上。抹盐腌腿时要用力均匀，腿皮上切忌用盐，以防发白和失去光泽。每次翻堆，注意轻拿轻放，堆叠应上下整齐；不可随意挪动，避免脱盐。腌制时间一般大腿40天，中腿35天，小腿33天。

(4) 洗腿：鲜腿腌制结束后，腿面上油腻污物及盐粒要经过清洗，以保持腿的清洁，有助于腿的色、香、味。洗腿的水须是洁净的清水。一般要浸泡15～18小时。经初步洗刷后，刮去腿上的残毛和污秽杂物，刮时不可伤皮，将腿再次浸泡在水中，仔细洗刷，然后用草绳把腿拴住吊起，挂上晒架。洗腿批次分批在腿干上标明，便于掌握。

(5) 晒腿：洗过的腿挂上晒架后，再用刀刮去腿脚和表面皮层上的残余细毛和油污杂质。

(6) 发酵：火腿经腌制、洗晒后，内部大部分水分虽外泄，但肌肉深处还没有足够的干燥，因此必须经过发酵过程，一方面使水分继续蒸发，另一方面使肌肉中的蛋白质、脂肪等发酵分解，使肉色、肉味、香气更好。

(7) 落架、堆叠：火腿挂至7月初（夏季初伏后），根据洗晒、发酵先后批次、重量、干燥度依次陆续从架上取下，这叫落架，并刷去腿上的糠灰。分别按大、中、小火腿堆叠在腿床上，每堆高度不超过15只，腿肉向上，腿皮向下，这个过程叫堆叠。然后每隔5～7天上下翻堆，检查有无毛虫，并轮换堆叠，使腿肉和腿皮都经过向上向下堆叠过程，并利用翻堆时将火腿滴下的油涂抹在腿上，使腿质保持滋润而光亮。

4. 规格标准与产品特色

金华火腿是我国最著名的传统高档肉制品之一，已有800余年的加工历史。特级产品要求每只2.5～5.0千克，外形竹叶形，皮薄，脚直，皮面平整，色黄亮，无毛，无红疤，无损伤，无虫蛀，无鼠咬，油头小，无裂缝，刀工光洁，式样美观，皮面印章清楚。肉质：瘦肉多，肥肉少，腿心饱满。

（二）新工艺金华火腿

1. 工艺流程

挂腿预冷→低温腌制→中温风干→高温催熟→堆叠后熟→质量分析→成品。

2. 配方

原料：鲜猪后腿 100 千克。

辅料：食盐 3.25～4.25 千克。

3. 技术要点

(1) 选用新鲜合格的金华猪后腿（俗称鲜腿），送进空调间，挂架预冷，控制温度 0～5℃，预冷时间 12 小时。要求鲜腿深层肌肉的温度下降到 7～8℃。同时将鲜腿初步修成“竹叶形”腿坯。

(2) 经过预冷后的腿坯移入低温腌制间进行堆叠腌制。控制温度 6～10℃，先低后高，平均温度要求达到 8℃。控制相对湿度 75%～85%，先高后低，平均相对湿度要求达到 80%。加盐方法为少量多次，上下翻堆一次，肉面敷盐一次，骨骼部位多敷。使用盐量为每 100 千克净腿冬季 3.25～3.50 千克，春秋季 3.50～4.00 千克，炎热季节 4.00～4.25 千克。腌制过程中，每 4 小时进行空气交换一次。腌渍时间 20 天。腌制中要严格控制温湿度。过高，则食盐溶解过快，流失过多；过低，则食盐溶解困难，渗透缓慢，都会影响火腿质量。

(3) 将腌制透的腿坯移到控温室内，在室温和水温 20～25℃的条件下洗刷干净，待腿表略干后盖上商标印，并校正成“竹叶形”。然后移入中温恒温柜内悬挂风干，控制温度 15～25℃，先低后高，平均温度要求达到 22℃以上，控制相对湿度 70%以下。为使腿坯风干失水均匀，宜将挂腿定期交换位置，从每天一次延长到 4～5 天一次，最后进行一次干腿修整定型。风干时间 20 天。

(4) 经过腌制风干失水的干腿，放入高温恒温柜内悬挂，催熟增香。宜分两个阶段进行：前阶段控制温度 25～30℃，逐步升高，平均温度要求达到 28℃以上；后阶段控制温度 30～35℃，逐步升高，平均温度要求达到 33℃以上。相对湿度都控制在 60%以下。既要防止温度、湿度过高，加剧脂肪氧化与流失，又要防止温度、湿度过低，影响腿内固有酶的活动，达不到定期成熟出香的目的。为使腿坯受热均匀，可每隔3～5天将挂腿位置交换一次。成熟时间35～40天。

（5）把已经成熟出香的火腿移入恒温库内，堆叠8～10层，控制温度25～30℃，控制相对湿度60%以下。每隔3～5天翻堆抹油（菜子油、茶油或火腿油）一次，使其渗油均匀，肉质软，香更浓。后熟时间10天，即为成品。经检验分级，包装出厂。

4. 产品特色

金华火腿800多年来一直沿用传统工艺，每年只能在立冬至立春生产，生产周期长达7～10个月。而“低温腌制、中温风干、高温催熟”的新工艺突破了季节性加工的限制，实现了一年四季连续加工火腿；并使生产周期缩短到3个月左右。采用新工艺加工的火腿，其色、香、味、形以及营养成分都符合传统方法加工的火腿的质量要求，并在卫生指标方面有所提高。理化测定结果显示，从蛋白质及脂肪变化指标分析，新工艺加工的火腿的三甲胺和挥发性总氮的含量明显低于传统加工的火腿，酸价、过氧化值和丙二醛的含量也低于传统生产工艺。

（三）宣威火腿

1. 工艺流程

鲜腿修整→腌制→堆码→上挂→成熟管理→成品。

2. 配方

原料：猪后腿50千克。

辅料：食盐（云南一平浪盐矿生产的一级食用盐）7～7.5千克。

3. 技术要点

（1）宣威地处云贵高原的滇东北地区，海拔在1700～2868米之间，地形地貌复杂多样，具有冬、春干燥，夏、秋潮湿，雨量集中，四季不明等特点，年平均气温13.3℃。每年霜降至大寒期间，地处高寒山区的宣威平均气温在7.2～12.5℃，相对湿度在62.2%～73.8%，这段时间最适宜加工火腿。

（2）宣威火腿采用“乌金猪”后腿加工而成。选择90～100千克健康猪的后腿，在倒数第1～3根腰椎处，沿关节砍断，用薄皮刀由腰椎切下，下刀时耻骨要砍得均匀整齐，呈椭圆形。鲜腿要求毛光、血净、洁白，肌肉丰满，骨肉无损坏，卫生合格，重7～10千克为宜。

热的鲜腿，应放在阴凉通风处晾12～24小时，至手摸发凉、完全凉透为止。根据腿的大小、形状定型，即鲜腿大而肥、肌肉丰满者修割成琵琶形，腿小而瘦、肌肉较薄者修割成柳叶形。先修去肌膜外和骨盆上附着的脂肪、结缔组织，除净渍血，在瘦肉外侧留 4～5 厘米肥肉，多余的全部割掉。修割时注意不要割破肉表面的肌膜，也不能伤骨骼。经过修整后的鲜腿，外表美观。

把冷凉修整好的鲜腿放在干净桌子上，先把耻骨旁边的血筋切断，左手捏住蹄爪，右手顺腿向上反复挤压多次，使血管中的积血排出。

（3）宣威火腿的腌制采用干腌法，用盐量为 7%，不加任何发色剂，搽腌 3 次，翻码 3 次即可完成。

搽头道盐：将鲜腿放在木板上，从腿干擦起，由上而下，先皮面后肉面，皮面可用力来回搓出水（搓 10 次左右，腿中部肉厚的地方要多搽几次盐）。肉面顺着股骨向上，从下而上顺搓，并顺着血筋搓揉排出血水，搽至湿润后敷上盐。在血筋、膝关节、荐椎和肌肉厚的部位多搽多敷盐，但用力勿过猛，以免损伤肌肉组织，每只腿约搽 5 分钟，第一次用盐量为鲜腿重的 0.5%。腌完头道后，将火腿码好。

（4）通常堆码在木板或篾笆上。膝关节向外，腿干互相压在血筋上，每层之间用竹片隔开，堆叠 8～10 层，使火腿受到均匀压力。搽完头道盐，堆码 2～3 天，搽二道盐。

搽二道盐：腌制方法同前。用盐量为鲜腿重的 3%，在 3 次用盐量中最大。由于皮面回潮变软，盐易搽上，比搽头道盐省力。

搽三道盐：搽完二道盐后，堆码 3 天，即可搽三道盐。用盐量为鲜腿重的 1.5%。腿干处只将盐水涂匀，少敷或不敷盐，肉面只在肉厚处和骨头关节处进行揉搓和敷盐外，其余的地方仅将盐水及盐敷均匀。堆码腌制 12 天。每隔 3～5 天将上下层倒换堆叠（俗称翻码）1 次。翻码时要注意上层腌腿腿干压住下层腿部血管处，通过压力使淤血排出，否则会影响成品质量或保存期。

鲜腿经 17～18 天干腌后，肌肉由暗红色转为鲜艳的红色，肌肉组织坚硬，小腿部呈黄色且坚硬，此时表明已腌好腌透，可进行上挂。

（5）腌制后进行上挂，上挂前要逐条检查是否腌透腌好。用长 20 厘米的草绳，大双套结于火腿的耻骨部位，挂在通风室内，成串上挂的要大条挂上，小条挂下，或大中小条分挂成串，皮面和腹面一致，条与条之间隔有一定距离，挂与挂之间应有人行通道，便于管理检查，通风透气，逐

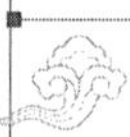

步风干。

（6）成熟管理要掌握3个环节：一是上挂初期即清明节前，严防春风对火腿侵入，造成火腿暴干开裂；若发现已有裂缝，随即用火腿的油补平。二是早上打开门窗1～2小时，保持室内通风干燥，使火腿逐步风干。三是立夏后，要关门窗，使室内保持一丁点湿度，让其发酵；发酵成熟后，要适时开窗保持火腿干燥结实。这段时间室内月平均温度为13.3～15.6℃，相对湿度为72.5%～79.8%。日常管理工作应根据火腿失水、风干情况，调节门窗的开关时间。根据早、晚、晴天、阴天，控制温、湿度的变化。天气过冷，要防止湿度较大。天气炎热，要防止苍蝇产卵生蛆、火腿走油、生毛虫。发现火腿生毛虫，可在生虫部位滴上1～2滴生香油，待虫爬出后，用肥肉填满虫洞；做好防蝇、防虫、防鼠等工作。

火腿的特性与其他腌腊肉不同，整个加工周期需6个月。火腿发酵成熟后，食用时才有应有的香味和滋味。此时肌肉呈玫瑰红色，色、香、味俱佳。这时的火腿称为新腿。每年雨季，火腿都要生绿霉，是微生物和化学分解作用的继续，使火腿的品质不断提高，故以2～3年老腿的滋味更好。宣威火腿鲜腿平均重7千克，成品腿平均重5.75千克，成品率78%。2年的老腿成品率为75%左右。3年及3年以上的老腿成品率为74.5%左右。

4. 规格标准与产品特色

宣威火腿又称云腿，迄今已有三百多年的历史，产于云南宣威市。据史书记载：早在清明雍正五年（1727年），宣威火腿就以“肉质厚、精肉多、蛋白质丰富、鲜嫩可口、咸淡相宜，食而不腻……”而享有盛名。

成熟较好的宣威火腿，其特点是：脚细直伸，皮薄肉嫩，琵琶形或柳叶形；皮面黄色或淡黄色，肌肉切面玫瑰红色，油润而有光泽；脂肪乳白色或微红色；肉面无裂缝，皮与肉不分离；品尝味鲜美酥脆，嚼后无渣，香而回甜，油而不腻，盐度适中；三签清香。

宣威火腿质量除符合国家腌腊肉制品标准外，等级标准如下：

① 特级火腿：腿心肌肉凸现饱满，跨边小，肥膘薄，肉瘦多肥少；干燥，致密结实，无损伤；三签清香。

② 一级火腿：腿心肌肉稍平，跨边小，肥膘一般，腿脚细；干燥，致密结实，无损伤；三签清香。

③ 合格品：腿心肌肉扁平，跨边、肥膘较大，腿脚细；干燥，致密

结实，轻度损伤；上签清香，中下签无异味。

（四）湖北恩施火腿

1. 工艺流程

原料整理→修坯→腌制→洗腿→整形→晒腿或烘腿→发酵→洗霉→修割→储藏→成品。

2. 配方

原料：新鲜猪后腿 50 千克。

辅料：精盐 4～4.5 千克。

3. 技术要点

（1）选用肌肉丰满的猪后腿，每只重 5～7 千克，屠宰加工时要求不得吹气打气。毛血去尽，无红斑血块。将猪后腿修成椭圆形，并割去油皮肥边。要求刀工整齐，肉不脱皮，骨不裂缝。

（2）清洗整理后采用上盐码堆干腌，分四五次上盐并翻堆，腌 30 天左右即成。腌好的后腿浸泡 1 天，顺肌肉纤维轻轻洗刷干净，不能倒刷。

（3）将洗净的腿上架晾干，然后矫正腿骨，捏弯脚爪成直角。将修整成形的腿置于阳光下暴晒或用文火慢烘 7～8 天，干燥后入库发酵。

（4）入库发酵的火腿要求逐一悬挂，通风透气，注意防蝇、防鼠、防晒、防淋，保证其发酵均匀，长霉正常（绿霉最好，灰霉次之，发现白霉、黄霉、黑霉要刮掉）。经 6 个月的充分发酵后即为成品。充分发酵后的火腿才具有独特的香味和鲜味。

（5）然后洗霉及修割，将霉全部洗去，随洗刷随晾干水分。将定型后的火腿修割成美观的琵琶形。

（6）火腿应放在通风处保藏，温度不能太高，可存放 2～3 年。成品火腿应码堆存放，下面垫高以防返潮，不得晾挂，以防走油和枯干。防虫、防潮、防霉和防止变质发哈等，是火腿在保藏期间的重要工作。家庭买回的火腿一次吃不完的，可在切面上涂一层茶油后平放在陶瓷器内盖好，使火腿与空气尽量少接触，能存放数月不变质。恩施火腿的鲜肉成品率为 68%左右。从选料加工到制成存放，要经过十道工序，9 个月的时间。

4. 规格标准与产品特色

恩施火腿是恩施地区从 1953 年起引入金华火腿的技术开始生产的火腿。经过多年实践，在制作技术上形成了自己的四大特点：吸取了南（金

华）北（如皋）火腿的制作技术之长，腌制时间都在立冬后至立春前，是“立冬”腿；腌制时不用硝酸钠，用本地区的“二眉”“狮子头”等优良种猪与中约杂交的第一代猪的后腿肉做原料，皮薄、肉嫩、脚干细，火腿成品质量优良。

恩施火腿成品造型美观，呈琵琶形，色棕黄，咸度适中，色、香、味俱佳。蒸、炖、煮、炒，冷、热食用均可，也可和鲜肉、排骨等煨汤食用。有清肝火、健脾脏的功效，特别是手术后食用可促进伤口愈合。

（五）江苏如皋火腿

1. 工艺流程

选料→鲜腿整修→腌制→洗晒→保管、发酵→成品。

2. 配方

原料：后腿 50 千克。

辅料：精盐 6 千克。

3. 技术要点

（1）加工时间一般在霜降至立春之间开始制作，气温掌握在 2～10℃为宜。初冬加工的为早冬腿，隆冬加工的为正冬腿，立春后加工的为早春腿，春分以后加工的为晚春腿。

（2）选择 60～80 千克重的尖头细脚、皮薄肉嫩的良种猪，屠宰后将胴体挂起冷却 12 小时，然后按规格要求，去胴体肥膘不超过 3 厘米厚、4～7千克的鲜后腿作加工火腿的原料，开面（即切面）要在股骨中间。

（3）鲜腿整修是所选之猪后腿刮净残毛、去净血污蹄壳等，整修成琵琶状。修整中要求髋骨不露眼，斩平脊椎骨，不“塌鼻”、不“脱臼”，不伤红（精肉）。修去皮层的结缔组织和多余脂肪，挤去血管中的淤血。

（4）腌制一般分五次。各次的上盐时间是：第一次上盐（首盐）后，次日进行第二次上盐（大盐），第四天进行第三次上盐（三盐），第九天进行第四次上盐（四盐），第十六天进行第五次上盐（五盐）。每次的用盐数量：第一次 1 千克，第二次 2.5 千克，第三次 1.5 千克，第四次 750 克，第五次 250 克。每次上盐都要抹去陈盐，撒上新盐，做到撒盐均匀。已上盐的腿在堆叠时要用手托起轻轻堆放，不要随便挪动以免失盐。叠腿要整齐，上下左右前后要层层对齐。大批量制作，堆高以不超过 20 层为好，家庭制作在腌缸内堆 5 层以下为好。每堆或每缸要挂上标签，便于检查、翻堆和复盐。

（5）腌制成熟之腿（一般冬季30天，春季25天）应及时洗晒。将腿肉面向下完全浸入干净水中12～18小时。然后进行洗刷，刷净油腻污物。

腿洗好后上架晒腿时间应根据气候情况决定，冬季一般7～9个晴天，春天6～7个晴天，以皮面蜡黄为度。晒好的腿入库上架保管，使之发酵。

（6）保管、发酵是火腿具有特殊品质的一道关键工序。发酵时期，保管室内应勤检查，勤开关窗户，一般是晴天开，雨天关。高温干燥季节是白天关，夜里开，以保证霉菌的正常繁殖。发酵时间为5～6个月，在梅雨季节前应下架涂上菜油脚（菜油的沉淀质），主要是防虫，保持香味和防止制品失水干耗，以使火腿形成特殊的风味。

4. 规格标准与产品特色

成品外形似琵琶，薄皮细爪，红白鲜艳，风味特殊，营养丰富，以色、香、味、形四绝闻名于世。成品每只重4～8千克。

（六）陇西火腿

1. 工艺流程

原料整理→腌制→晾挂→成品。

2. 配方

原料：猪后腿肉50千克。

辅料：雪花盐3.5千克，花椒1千克，小茴香700克。

3. 技术要点

（1）将新鲜后腿顺腿肉方向用力搓推，挤出和抹尽血管内残剩的淤血，除去表面油膜，修割边肉，将其整修成桃形。然后把腿肉摊于阴凉处，使其凉透。

（2）将辅料均匀涂擦于腿肉四周，尤其肉面一定要擦均匀。然后皮面向下肉面向上，整齐地堆码在缸内或池中。为使腿肉的各部位都能腌透，每隔10天应翻缸或翻池一次。当腌至40～50天，待腿肉深部已变成桃红色时，即可出缸或出池。

（3）将出缸或出池后的腿肉直接送入玻璃罩的暖棚中挂晒，晒至腿皮紧硬、红亮出油为止。家庭少量制作可将出缸的腿肉于太阳下直接晾晒，如遇阴天，可转入干燥通风的室内进行晾挂，经2个月左右即成。

4. 规格标准与产品特色

陇西火腿是甘肃省著名的地方传统风味制品，深受陇西及西北地区人们的喜欢，距今已有近百年的历史，其料取自当地身长脚小、嘴尖皮薄、肉瘦质嫩的蕨麻猪。于每年立冬后开始制作，至立春前为止。三四月份即可食用，成品每只重约 5 千克，似桃形，爪弯，表面无毛而黄亮。腿肉丰满，肉质细嫩，瘦肉切面呈桃红色，肥肉白而明亮，食之清香浓郁，咸淡适中，香而不腻。

（七）剑门火腿

1. 工艺流程

选料→修整→腌制→洗晒→整形→发酵→成品。

2. 配方

原料：鲜猪腿 50 千克。

辅料：食盐 4～4.5 千克。

3. 技术要点

（1）选符合卫生检验要求的瘦肉型猪。选用皮薄脚细、瘦肉多肥肉少、腿心丰满、血清毛净、无伤残、每只重 4.5～8.5 千克的猪后腿，作为加工原料。

（2）选好的猪腿，刮净细毛，去净血污，挖去蹄壳，削平腿部趾骨，修整骨节，斩去背脊骨，不“塌鼻”，不“脱臼”，脚爪向右，腿头向左，削去腿皮表层，在骱骨节上面皮层处割成半月形，开面后割去油膜，修整脚皮，割去肚皮，取出血管中的血污。

（3）在常温下，分 6 次用盐。第 1 天上出水盐，第 2 天上大盐，隔 4 天上三盐，隔 5 天上四盐，隔 6 天上五盐，隔 7 天上六盐。每次上盐后，必须按顺序堆码。盐用量一次为总盐量的 15%、35%、15%、30%、余下之盐供两次适量补充。

（4）腌好的火腿要及时洗晒，水要干净，一般是头天午后 4 时浸至第 2 天上午 7 时，即可开始洗腿，洗净后，再浸泡 3 小时，捞起，晒制 4～6 天。

（5）晒好的腿立即进行整形，绞直腿骨，弯足爪，再将腿肉修成竹叶形。

（6）整好形的腿立即挂入室内进行发酵。发酵室要透风，光线充足，门窗齐备，不漏雨。将腿坯悬挂在架上，抹上谷糠灰。入伏后，气温高，为防止走油过多，取下火腿，顺序叠在楼板上，按每一层 4 只叠堆，每堆高 6～8 层，并经常翻堆，2～3 个月即好。

4. 规格标准与产品特色

四川省剑阁县为腌腊之乡，素有加工腌腊肉制品的传统。剑门火腿是四川省剑阁县优质产品，已有几十年的生产历史。1980 年引进金华火腿加工技术以来，在金华火腿技师指导下，逐步形成了自己的特色并开始工业化生产，并以“天下第一雄关”的“剑门关”命名。产品状如竹叶，爪弯腿直，刀工光洁，皮色发亮，切面清晰，瘦肉桃红，或如玫瑰，肥肉乳白，香味纯正，咸淡适宜，肉质致密，成为腌腊肉制品中的精品。

(八) 威宁火腿

1. 工艺流程

原料选择→排血、整形→腌制→压腿→烘烤→成品。

2. 配方

原料：鲜猪腿 50 千克。

辅料：云南荞盐 7.5 千克，硝酸钠 10 克。

3. 技术要点

(1) 选用经卫生检验合格的肉细皮薄、脚小骨轻的威宁鲜猪后腿为原料。

(2) 双手用力压紧腿肉，上下揉搓将筋络中的血液全部挤出（筋络中的血液非盐、硝酸钠所能排出，只有趁鲜时挤出，否则成品存放时间长即变质），然后用刀刮净残毛、脏污，修成椭圆形。

(3) 将盐和硝酸钠碾细拌匀（盐用火炒热），用双手尽力擦于鲜腿皮肉上，擦不完的盐留到入缸时用。盐、硝酸钠擦好后即将鲜腿放入木桶中，以未用完的盐一层一层地撒在肉上，腌至 4 天后翻缸（即将上层鲜腿移到下面，下层的移到上面），再腌 8 天出缸。

(4) 鲜腿经腌制出缸后，将每 5 个猪腿铺平堆放于木板上，码好后上面用一块木板压好，木板上压石块，将腿坯压平，盐水、血水均流净后即可入烘房烘烤。

(5) 当地习俗是用柏树叶、谷糠、木屑等燃烧升暗火取烟熏烤 4～8 天，方能出炉。如用日晒或晾干法加工也可以。火腿出炉后放置于空气流通，无日晒、雨淋的干燥仓库，以竹竿悬挂，储存数年不变质。

4. 规格标准与产品特色

威宁火腿皮薄骨轻，瘦肉呈紫红色，肥肉呈淡黄色，味香，形如琵琶状。分陈腿和新腿两种，陈腿是经过储存一年以上的成品，新腿为当年加工的成品，陈腿质量最佳。当地习俗是用烟熏焙，因此成品

略带烟熏味。

(九)琵琶火腿

1. 工艺流程

选料→修整→第一次腌制→揉压→第二次腌制→风干→成品。

2. 配方

原料：猪前、后腿肉10千克。

辅料：食盐400克，白酱油300克，八角20克，花椒20克，草果20克，良姜20克，桂皮20克，荜拔20克，丁香10克，陈皮20克，肉豆蔻20克，硝酸钾10克。

3. 技术要点

(1)选用符合卫生检验要求的猪前、后腿为加工原料，剔骨头，修整呈琵琶形，成火腿坯料。

(2)第一次腌制和揉压时，将食盐、花椒、八角和硝酸钾分别碾碎和腿坯一起放入缸内，腌制1天。将腌好的腿坯取出，放在案板上，每天揉摩按压1次，连续按压7天。

(3)第二次腌制是将按压好的腿坯再放入缸内，再加余下辅料，腌制7天。

(4)腌好的腿坯捞出，捆扎，挂通风处风干，即为成品。

4. 规格标准与产品特色

琵琶火腿是河南三门峡市传统地方特产名食，有60多年的历史，是由洛阳拌生园名厨田有信创制。因其形似琵琶，色泽棕红，肥而不腻，清香味美，在豫西一带久负盛名，是家宴、馈赠亲友之佳品。

(十)冕宁火腿

1. 工艺流程

选料→修坯→腌制→洗晒→发酵→贮藏→成品。

2. 配方

原料：鲜猪腿5千克。

辅料：食盐4.5～5千克。

3. 技术要点

(1)选择脂肪少、皮薄、肉嫩、瘦肉多、适于腌制加工、健康无病的生猪，腿部有伤斑及患皮肤病、伤猪均不用。猪腿要求腿心丰满、皮质新鲜、瘦肉鲜红、肥肉洁白的后腿，每个猪腿质量以6～10千克为宜。

（2）切下的鲜猪腿须在6～10℃的通风处晾凉，这样能使猪腿肉的温度和pH值下降，利于食盐的渗入。腌制时须对猪腿进行修整，把腿肉平放在桌上，用刀削去过于隆起的骨节，将腿皮割成半月形，使肌肉露出腿皮。并割去肉面上油筋、油膜，不要损伤肌肉，把两边多余的肥肉和腿皮削平，使腿呈“竹叶形”。用力挤压腿肉，使血管内的淤血充分排出。

（3）腌制的目的是使腿肉脱水、防腐和调味，用盐量为腿重的9%～10%，腌制时间通常为40天左右，具体抹盐有4次。

第1次抹盐占用盐总量的20%，先把腿爪和腿皮抹少许盐，再把盐均匀抹在肌肉上，然后用手擦。抹完后以肉面朝上重叠堆放，各层用竹条隔开，堆放时间为2天。

第2次抹盐占用盐总量的60%，应在腰椎骨、耻骨及大腿上部的肌肉厚处抹厚盐，目的是使盐迅速渗入肌肉厚处，同样重叠堆放起来，堆放时间为3天。

第3次抹盐占用盐总量的15%，重点抹在骨节部分，其余部分酌情添加，堆放时间为5天。

第4次抹盐占用盐总量的5%，主要是对骨节补盐，堆放时间为12天。在每次用盐后堆放时需上下调换，使受压均衡，滴下的盐水要及时倒掉。

（4）经腌制好的猪腿放入清水中清洗，清除肌肉表面过多的盐分和油垢，使肌肉表面显露红色，随后吊挂于通风处晾晒3～4天，要避免日光强烈照射，以免造成脂肪溶化而出油。待腿皮稍干时应将脚爪弯曲伸入腿上部皮中，压平皮面，使整个火腿外形美观。

（5）将晾好的火腿挂于通风的室内，经过一段时间后肉面上会长出绿色和绿灰色菌落，这是发酵良好的自然现象，此时火腿开始产生特殊的甘醇清香气味。

（6）加工火腿时间通常为冬至到立春之间的隆冬腊月为宜。火腿经过半年时间的发酵后成熟。此时可用粗纸擦去菌落和油垢，抹上麻油后贮藏。成品仓库应通风良好，要防潮和防止强光照射。

4. 规格标准与产品特色

冕宁火腿是四川省凉山州著名的传统肉类食品，它具有风味独特、香气浓郁、精多肥少、腿心丰满、红润似火，色、香、味俱全的特点。

五、腊肠

（一）广式腊肠（图 4-9）

图 4-9　广式腊肠

1. 工艺流程

选料→修整→切肉粒→灌制→针刺排气→拴草、索绳→洗涤晒干→包装→成品。

2. 配方

（1）生抽腊肠　采用生抽酱油制作的香肠。等级分为特级、一级、二级和三级，主要以肥肉和瘦肉的不同比例搭配来区分。特级腊肠的肥瘦肉比例为 2∶8，一级为 3∶7，二级为 4∶6，三级为 5∶5。

原料：选择质量在 60～75 千克的瘦肉型猪为宜。

配料：每 50 千克肉丁，精盐 1.25～1.4 千克，生抽酱油 1.5～2.0 千克，60 度汾酒或其他白酒 1.5～1.75 千克，硝酸钠 25 克。

（2）老抽腊肠　是采用老抽酱油制作的一种腊肠。老抽腊肠色泽枣红，豉味较浓，为广东腊肠中比较著名的品种。

原料：原料选择与生抽腊肠相同。

配料：每 50 千克肉丁（瘦肉 70%，肥肉 30%），精盐 1.2～1.4 千克，老抽酱油 2.5 千克，白糖 3.5～4.0 千克，50 度汾酒或其他白酒 1.25～1.5 千克，硝酸钠 25 克。

规格：老抽腊肠制作使用羊肠衣，直径为 2.6～2.8 厘米，长度为三种规格，第一种总长为 32 厘米，第二种总长为 30 厘米，第三种总长为 26 厘米。

（3）鲜虾腊肠　鲜虾腊肠在广东腊肠中是一种比较名贵的品种，其色泽明亮，脆香可口，别具风格。

原料：鲜对虾，取其净肉，切成方丁，用量占70%，肥猪肉丁占30%，羊肠衣适量。

配料：每50千克原料肉，玫瑰露酒或大曲酒1.5～1.5千克，白糖3.5～4.5千克，盐1.5千克，生姜500克（榨汁），胡椒粉100克。

（4）猪心腊肠　原料：肥猪肉，瘦肉，鲜猪心。肥瘦肉按一级香肠比例搭配，每50千克肉丁加3～5千克鲜猪心，采用直径2.6～2.8厘米的羊肠衣。

配料：精盐、白糖、生抽酱油等，用量与生抽腊肠相同。

（5）蛋黄腊肠　原料：肥猪肉，瘦肉，咸蛋黄，羊肠衣。肥瘦肉按一级香肠比例搭配，每50千克肉丁加3～5千克咸蛋黄，咸蛋黄煮熟去蛋白，把蛋黄切成小丁。

配料：精盐、白糖、生抽酱油等，用量与生抽腊肠相同。

3. 技术要点

（1）以优质鲜猪肉为原料，将肥肉和瘦肉用机械或人工切成四角分明、大小均匀的肉粒（肥肉粒9～10毫米，瘦肉粒10～11毫米）。肥肉粒先用40～45℃温水清洗，再用清水冲洗降温，除去肉表面杂质和油腻，滤去水分。

（2）把配料放在肉粒中，加入少许清水（根据季节、气温不同，水分略有增减）、搅拌均匀即可。灌制如选用干肠衣，应先用30～35℃温水灌入肠衣管内（温肠），再将水排尽。然后，用充填机（手工操作的用漏斗）灌制。

（3）灌制后，用针尖在肠体上下均匀刺孔，使肠内多余的水分和空气排出，以利于香肠快干。

（4）广式腊肠是双条的。所以，在肠体针刺排气后，分段扎成双条，每段香肠总长24厘米。在肠体尖尾用水草扎结，草结之间的正中系上麻绳，这样就成为一束双条。麻绳可用各种食用色素染色，以区别产品等级。

（5）肠衣经过灌制、针刺、拴扎后，肠体表面会附着一些油脂。洗涤就是把肠体上附着的油脂洗干净。用40～45℃温水洗干净肠体，再以温水冲洗降温，以防针孔闭塞，影响肠内水分蒸发。

（6）将洗涤后的腊肠挂在竹竿上，放在阳光充足的地方晾晒3～4小时，使水分初步蒸发，肠体表面收缩。如遇烈日，要加以遮盖。晚上或白天气温、湿度较大时，不宜露天晾晒，应放入焙房烘焙，翌日再晾晒。如遇阴雨天，可直接放进焙房焙干。

焙房温度一般掌握在 47～52℃。温度过高会使腊肠内中空，漏油；温度过低，会使产品发酸变成次品。在焙房烘焙时，必须把上层和下层的腊肠交替换位吊挂，使之受热均匀。

（7）烘烤干燥后腊肠置于室内冷却，放置 24 小时，整理后真空包装，即为成品。

（二）北京腊肠

1. 工艺流程

选料→修整切丁→灌制→晒制→烘烤干燥→包装→成品。

2. 配方

原料：猪瘦肉 70 千克，猪肥肉 30 千克。

辅料：精盐 2.8～3 千克，白糖 9～10 千克，50 度以上的汾酒 3～4 千克，浅色靓酱油 2～3 千克，硝酸钠 50 克（加水溶解），清水 14～20 千克。

3. 技术要点

（1）选用符合卫生标准的猪腿肉和猪背膘肥肉为原料，肥瘦肉比例为 3∶7。

（2）将原料肉中的筋膜及结缔组织修割掉，瘦肉切成 1～1.2 厘米的瘦肉丁，肥肉切为 0.9～1 厘米的肥膘丁。

（3）用 35℃温水洗去肥膘丁表面油腻杂物后，加入配料腌制 60 分钟左右。拌料时，加入清水，不能多搅拌，以免搅拌成糊状。只要肥瘦肉和配料均匀即可。

（4）灌馅时力求饱满结实，没有空调，钢针刺孔要均匀，绳索整齐，长短一致。

（5）置于太阳光下晒制 3 小时左右，其间翻转一次，经修整再送入烘房，在 50～52℃温室条件下烘焙 24 小时。如果空气湿度大或肠体过粗时，可酌情延长时间。

（6）烘烤干燥后腊肠置于室内冷却，放置 24 小时，整理后真空包装，即为成品。

（三）四川腊肠（图 4-10）

图 4-10　四川腊肠

1. 工艺流程

原料选择→切丁整理→配料腌制→灌装打结→清洗挂晾→烘烤干燥→整理、包装。

2. 配方

原料：猪肉 100 千克。

辅料：精盐 3 千克，白糖 1 千克，酱油 3 千克，白酒 1 千克，花椒 100 克，混合香料 150 克，硝酸钠 50 克。

3. 技术要点

（1）选优优质猪肉为原料，肥瘦肉的比例为 2∶8。

（2）将瘦肉切成 2 厘米大小的肉丁，肥膘丁为瘦肉丁的一半大小，洗净肥膘丁上的油污，滤去水分。

（3）将全部配料搅拌均匀，并与肥瘦肉丁混合，腌制 30 分钟左右。

（4）灌入清洗干净的肠衣内（肠衣直径为 2.1 厘米）。然后用钢针刺孔，排出肠内空气。每隔 15 厘米用麻绳扎结为一节，若干节为一挂。

（5）扎结后再用温水清洗一次，挂在竹竿上，晾干水分，然后放进烘房烘焙。

（6）香肠初进烘箱时，温度掌握在 50℃左右，3～4 小时后逐渐升高，最高不超过 60℃，注意不要“跑油”。肠体出现皱纹后翻动一次，使之受热均匀，在烘焙约 24 小时，即可出焙房。

（7）香肠出烘房后，晾挂在空气流通的地方，1～2 天，整理并真空包装，即为成品。

4. 产品特色

四川腊肠又称四川香肠或川味腊肠，色泽鲜明光润，肉质鲜嫩可口，咸中略带甜味，嚼后回味留香，为腊肠中上品。

（四）江苏如皋香肠

1. 工艺流程

原料选择→整理切丁→拌和腌制→灌制清洗→清洗放气→挂晾风干→包装、贮藏。

2. 配方

原料：猪肉 100 千克。

辅料：白糖 5 千克，精盐 4 千克，60 度曲酒 1 千克，酱油 2 千克，另外用适量葡萄糖代替硝酸钠作为发色剂。

3. 技术要点

（1）选择具有一定膘度的鲜猪肉，以后腿精瘦肉为主，夹心肉为辅，膘以硬膘为主，腿膘为辅。肥瘦肉比例一般为 2∶8 或 1∶3。

（2）去净原料肉中的皮、骨、筋腱、衣膜、淤血和伤斑，将肥膘、精瘦肉分别切成小丁。

（3）将瘦肉丁置于搅拌机下层，肥膘丁置于上层，现将肥膘丁揉开，再上下翻动，是肥膘丁和瘦肉丁充分拌和。腌制 0.5 小时后，再加入辅料，并充分搅拌均匀，稍停片刻，再翻动一次即可。

（4）肉馅应尽快灌装，放置时间不宜过久，灌制前先用清水将肠衣漂洗干净，在均匀地灌入肉馅，肉馅要装满，不能有空心或花心。两端用麻线扎口，线头要整齐，扎口成圆形。

（5）用清水洗去肠外的油污杂质，挂在串竿上晾晒。晾晒前用钢针在肠衣上均匀刺孔，下针要平，用力不可过猛，刺一段，移一段，不可漏刺。

（6）晾晒时每根香肠之间须保持一定距离，以利通风透光。要避免烈日暴晒，热天中午要遮挡阳光。以免出油，影响品质。晾晒时间应根据气温高低灵活掌握，一般冬天为 10～12 天，夏天 7～10 天。待瘦肉馅晒平，表面收缩，即可包装和入库保存。

4. 产品特色

如皋香肠问世于清代同治年间。晒干后，不宜立即食用，还需再存 20～30 天，才能完全成熟。成熟的香肠芳香四溢，风味更佳，具有红白分明、肉质紧密、醇香扑鼻、色泽浓艳、营养价值高等特性。

（五）湖南大香肠

1. 工艺流程

原料选择→肉馅制备→拌和腌制→灌制→烘烤干燥→冷却→包装、

贮藏。

2. 配方

原料：鲜猪肉 100 千克。

辅料：盐 3 千克（夏季 3.5 千克），白糖 2 千克，五香粉 100 克，硝酸钠 50 克。

3. 技术要点

（1）以鲜猪肉为原料，瘦肥肉之比为 8∶2。

（2）去净原料肉中的皮、骨、筋腱、衣膜、淤血和伤斑，肥、瘦肉拌和剁碎。

（3）将盐和硝酸钠撒在原料肉上拌和均匀，腌 5～8 小时（夏季 3～4 小时）。再把白糖、五香粉加入拌匀。

（4）灌制前要用清水把肠衣盐液洗净。灌制时肉丁大小要均匀，松紧一致，针刺排除香肠内的空气和水分，并用清水洗涤香肠表层。

（5）灌制好的香肠，挂在串竿上送烘房烘烤，烘房温度，初时 25～28℃；关门烘烤后，逐渐升温，最高可达 70～80℃；烘烤 5 小时，再根据香肠的干度，将温度降到 40～50℃，出烘房前 3～4 小时将温度再降至 30℃左右。如温度过高，香肠出油，影响质量和成品率。

4. 产品特色

湖南大香肠是湖南传统特色肉制品，除醇香可口外，在外形上也与众不同，它不用分段挂结，也不拘规格长短，销售时，顾客需要多少就切多少。

（六）上海腊肠

1. 工艺流程

原料选择→切丁→拌和腌制→灌制→晒制→包装、贮藏。

2. 配方

原料：猪后腿肉 35 千克，猪硬膘肉 15 千克。

辅料：精盐 1.25 千克，白砂糖 3.15 千克，白酱油 2.5 千克，大曲酒（60 度）900 克，肠衣（羊肠衣）适量，硝酸钠 25 克。

3. 技术要点

（1）选用符合卫生检验要求的新鲜猪后腿肉和硬膘肉，作为加工的原料。

（2）选好的猪后腿肉和硬膘肉分别切成 1 厘米见方的肉丁，再用温水

将肉丁分别漂洗一遍，洗去肉丁上的沾污和杂质。捞出，沥干水分。

（3）肉丁和全部辅料放入盆内，搅拌均匀，稍放置片刻，即成馅料。

（4）制好的馅料灌入肠衣中，要粗细均匀，每隔12厘米长卡为一节。直至灌完为止。再针刺排出空气和水分。

（5）灌好的肠体挂在竹竿上，置于日光下曝晒。如遇雨和阴天，也可直接送入烘房内，进行烘制，温度开始50℃，中间55℃，至快干时再降温至50℃，一般需烘36～48小时，其间并要调换肠体的位置，以便烘烤均匀。待肠衣表面干燥，被有明显的皱纹，色泽红润具有香肠特有风味，即为成品。

4. 产品特色

上海腊肠是上海地方传统风味腊制品，具有悠久的历史。多在每年农历11月至次年2月间制作，肠体整齐，长短一致，粗细均匀，肠体红润，红白相间，腊香味浓，回味带甜，佐酒佳肴，是受当地消费者欢迎的大众化食品。

（七）东莞腊肠

1. 工艺流程

原料选择→切丁→拌和腌制→灌装→晒制、烘烤→冷却→包装、贮藏。

2. 配方

原料：猪瘦肉80%，猪肥膘肉20%，肠衣适量。

辅料：（按主料5000克计）白糖7.5%，精盐2%～2.5%，50度山西汾酒2.5%，特级生抽5%，硝酸钾0.125%。

其他：细麻绳125克，草尾50克。

3. 技术要点

（1）选用符合卫生要求的鲜猪肉为原料。选用当天加工出来的新鲜猪肠作肠衣。

（2）猪瘦肉剔去筋、膜，与猪肥膘肉分别切成1立方厘米的丁。

（3）猪瘦肉丁和肥膘混合，加精盐和硝酸钾，反复搓揉5分钟左右，使其充分混合均匀。10分钟后，再将其余各辅料一拼加入肉内，再次混拌均匀，即成馅料。

（4）将馅料灌入备好的鲜猪肠衣中。

（5）灌好的肠坯按每根长10～14厘米打结，并制成一双一组，再洗去油污，针刺使空气和水分排除，稍留些间隔晾挂在竹竿上。

（6）挂好的肠体放在阳光下，阳光强烈，每隔 2～3 小时，换一下位置；阳光不强烈，气温下降，则每 4～5 小时换一下位置。至日落时，再放入烘炉里，炉温 43～50℃，翌日出炉再晒。如此，3～4 天后即为成品。

4. 产品特色

东莞腊肠是广东省东莞地区传统名食之一，迄今已有数百年历史，产品成形独特，形体短粗，外形椭圆，有如肉球，肉质爽脆，咸淡均匀，鲜香味美，豉味入肉，营养丰富，酒饭皆宜，肠中佳品。

（八）皇上皇腊肠（图 4-11）

图 4-11　皇上皇腊肠

1. 工艺流程

原料选择→切粒→整理清洗→拌和腌制→灌装→晒制→烘烤→包装、贮藏。

2. 配方

原料：猪肉 50 千克。

辅料：精盐 1.5 千克，白糖 3～3.5 千克，50 度汾酒 1～1.5 千克，一级生抽（浅色酱油）2～2.5 千克，硝酸钠 25 克，清水适量。

3. 技术要点

（1）选用优等鲜冻的猪前、后腿肉为原料，瘦肉占 70%，肥肉占 30%。

（2）选好的肉分割后，剔除筋、膜、结缔组织，分别把肥瘦肉切成粒状，瘦肉为 10～12 毫米，肥肉为 9～10 毫米，不能成糊状。再用 35℃的温水洗去肉的表面油膜、杂物，使肉料干爽。

（3）处理好的肥、瘦肉粒，放入容器中，按比例加入辅料和清水，搅拌均匀，成馅料。

（4）灌制前先将干肠衣浸湿，再把馅料徐徐灌入肠衣中，灌满一

条肠衣后，约以23厘米为一双腊肠的长度，用水草扎住，再用麻绳索住两个水草结的中间处，剪断水草便成对状。并用针刺排出肠内的空气和多余的水分。再用温水清洗肠的表面，洗去油腻、残液，使肠体保持清洁明净。

（5）肠灌好后，用竹竿挂起，架在“晒棚”上，太阳晒制，3小时翻转1次，约晒半天。

（6）晒过的腊肠转入烘房，进行烘烤。在温度50～52℃下，烘制24小时，如肠衣过大时，可延长时间，要灵活掌握。产品冷却后包装。

4. 产品特色

皇上皇腊肠是广东省著名产品，选料严格，加工精细，造型美观，色泽艳丽，味美鲜香，入口爽适，回味浓郁，风味独特。

（九）喜上喜牌腊肠

1. 工艺流程

原料选择→切块绞粒→拌和腌制→灌装→晒制→烘烤→包装、贮藏。

2. 配方

原料：猪瘦肉35千克，肥膘15千克。

辅料：白糖5千克，优质曲酒2.5千克，精盐2千克，清水4千克。

3. 技术要点

（1）选用鲜冻分割猪肉为原料。

（2）猪瘦肉切成小块，再用绞肉机绞成肉粒，肥膘肉切成肉粒。

（3）肥、瘦猪肉粒放入容器中，加入白糖、精盐、优质曲酒、水一起拌匀，成馅料。

（4）干肠衣浸湿，再将馅料慢慢灌入肠衣中，要灌满不留空气，灌好后，要针刺排出空气和水分，根据出口和内销的规定长度，用水草扎节，索好小麻绳，扎好的腊肠用45℃的温水洗净肠表的油污，使腊肠爽净。

（5）灌好的腊肠挂在竹竿上，晾晒3～4小时，达初步干燥。

（6）晾晒好的腊肠再放入远红外线电热炉烘干，炉温52～58℃，烘烤72小时，即成。

4. 产品特色

喜上喜牌腊肠是广东省名牌产品，外形美观，色泽艳丽，瘦肉鲜红，肥肉乳白，香味浓郁，鲜美可口。

（十）兰州腊肠

1. 工艺流程

原料选择→绞制→调料、拌和→灌装→烘烤→冷凉→包装、贮藏。

2. 配方

原料：猪前、后腿肉 35 千克，猪肥膘肉 15 千克。

辅料：食盐 1.25 千克，白糖 1.75 千克，亚硝酸钠 3 克，白酒 1.5 千克，味精 100 克，胡椒面 50 克，干姜面 50 克。

3. 技术要点

（1）选用符合卫生检验要求的新鲜猪前、后腿肉和猪肥膘肉，作为加工的原料。

（2）选好的猪瘦肉用绞肉机绞成 1 厘米见方的块，用肉丁机或手工将猪肥膘肉切成 1 厘米见方的块。

（3）肥、瘦两种肉块混在一起。再把食盐、白糖、亚硝酸钠、白酒、味精、胡椒面、干姜面等辅料混合拌匀，倒入肉块中，再搅拌均匀，成为馅料。

（4）羊肠衣用温水泡软，洗净。沥去水，再灌入馅料，每间隔 15 厘米卡为 1 节，用肠衣本身扭转成结，再针刺排气和水分。

（5）灌制好的肠体有间隙地挂在竹竿上，送入烤炉里烘烤。炉温在 70～60℃，烤制 3～4 小时，待肠体表皮干燥、透出红色时，即可出炉。

（6）烤制好的肠体出炉，放置凉透，即为成品。

4. 产品特色

兰州腊肠，肠体整齐，长短一致，肠表红色，断面清晰，红白分明，醇香适口，后味回甜。食用时蒸或煮 10～15 分钟，凉透即可食用。

（十一）天津大腊肠

1. 工艺流程

原料选择→绞制→调料、拌和→灌装→晒制或烘烤干燥→包装、贮藏。

2. 配方

原料：猪瘦肉 20 千克，猪肥膘肉 30 千克。

辅料：精盐 1.5 千克，白糖 3.5 千克，白酒 1.5 千克，鲜姜（取汁）1 千克，味精 100 克，亚硝酸钠 3 克。

3. 技术要点

（1）选用符合卫生检验要求的鲜猪肉，作为加工的原料。

（2）选好的猪肉去皮、骨。肥、瘦肉分别绞成1厘米见方的块。

（3）两种肉块放在一起。全部辅料混合在一起，调拌均匀，再倒入肉块里，搅拌均匀，即为馅料。

（4）猪肠衣用温水泡软，洗净，再灌入馅料，每间隔12厘米卡为1节，两端扎好。如有气泡，可针刺排气。

（5）灌好的肠体，挂在竹竿上，放在阳光下晒干，或送入烤炉烤干。烤制炉温应在60～70℃为佳，一般烤4小时左右。出炉后，挂在干燥阴凉通风处，风干3～5天，即为成品。

4. 产品特色

天津大腊肠为天津历史名产，食用时需要蒸或煮15分钟，放凉即可食用。香甜爽口，鲜香味美。

（十二）肉枣肠（图4-12）

图4-12　肉枣肠

1. 工艺流程

选料及整理→制馅→灌制、结扎→风干→成品。

2. 配方

原料：猪肉100千克。

辅料：精盐2.5～3千克，白糖8～10千克，白酒2.5～3千克，味精0.3千克。

3. 技术要点

（1）选新鲜纯瘦肉，按灌制香肠的要求将瘦肉整理好。再将瘦肉割成约250克重的肉条，投入5毫米孔眼的绞肉机内绞碎。

（2）将配料放入容器内混合在一起，再把已绞好的肉馅放入其内搅拌均匀，直到肉馅黏稠时为止。肉馅搅后灌入经洗净的肠衣内。用绳结扎成每个约 3 厘米大小红枣样的形状，要紧密无间隙，肠内无贮积的空气。

（3）将肉枣成串挂在干燥通风处风干。春秋两季风干 15 天左右，风干程度以指压有弹性、肠衣干燥有褶皱为宜。

4. 产品特色

色泽红艳，宛若红枣，甜咸适口，幽香醇美，规格整齐，外形美观。

第五章　猪副产腌腊肉制品加工

一、腌腊猪头、舌

（一）腊猪头（图 5-1）

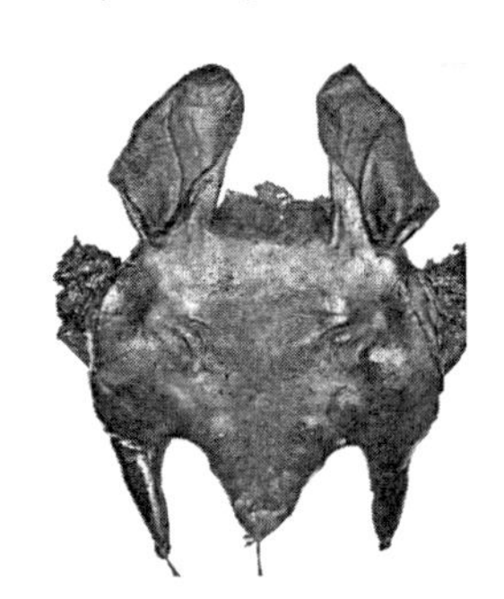 

图 5-1　腊猪头

1. 工艺流程

选料→褪毛→拔毛→刀刮→浸泡→腌制→造型→烘烤→成品。

2. 配方

原料：剔除大骨的猪头肉 50 千克。

辅料：白酒 1 千克，酱油 2.5 千克，白糖 1.5 千克，花椒 150 克，食盐 2 千克，八角 150 克，硝酸钠 25 克。

3. 技术要点

（1）挑选“长白”或“长白”杂交的种猪的猪头为原料，猪头额面要求丰满无皱纹，耳朵、猪舌完整齐全，每个重 4.5～6 千克。

（2）在 60～65℃的温水中浸泡 2～3 分钟，取出用刨刀进行手工煺毛。如大批量制作，可置头、蹄于打毛机中进行机械初步煺毛，然后用松香拔毛，要求所有部位皮上无残毛和断毛根。用刀将猪肉刮净，特别在耳窝、眼窝、嘴叉、鼻孔和刀口等关键部位，要求做到四无：无灰、无毛、无黏液、无血污。

（3）在清水中浸泡适时（约 5 小时），中间可换水一两次，使毛细血管内的淤血析出溶于水中，以保证成品色泽。

（4）将辅料充分混合，均匀地涂擦于猪头肉的内外和四周，于缸中干腌 3 天。在此期间要求根据气温情况适时翻动，以利辅料浸入均匀。

（5）用小棒将槽头部撑开，使猪舌自然垂下，这样，猪头烘成后，撑开的槽头（猪颈附近）和双耳似蝶翅，猪舌似蝶肚，拱嘴似蝶头。

（6）在烘房中共烘制3天，第一天温度为60℃，第二天为50℃，第三天为40℃。在烘制过程中要随时注意色泽的变化和掌握烘房温度。

4. 规格标准与产品特色

成品为扁平状，呈蝶形，表皮油亮，呈酱红色，肌肉呈暗红色，脂肪呈黄白色。食之咸甜适中，爽脆利口，肥而不腻。由于头肉、猪舌、耳朵和拱嘴部位各异，因而其味不尽相同，一品四菜，别具风味。

（二）上海腊猪头

1. 工艺流程

猪头拆骨→腌制→烘烤→成品。

2. 配方

原料：100千克净猪头肉。

辅料：精盐6千克，60度大曲酒1.2千克，酱油3千克，红曲米1千克，白糖3.8千克，硝酸钠50克。

3. 技术要点

（1）猪头拆骨

① 将卫生检验合格的新鲜猪头从嘴角到耳朵间先用刀划一条深约2厘米的痕，再用砍刀劈开，分为上下面，上面为马面，下面为下颌（含猪舌）。

② 将猪头脑顶骨敲开，取出猪脑，挖出眼睛，再把马面上骨头全部洗净。

③ 马面上的残毛用刀刮净再用清水洗净。

④ 在下颌上先把猪舌割下，再把所有骨头全部剃净。

⑤ 割下猪舌时必须把喉管上的污物全部去净，再用刀把舌苔皮刮净，最后用清水洗净。

⑥ 原条猪舌厚度较厚，可用刀从侧面斜剖，使猪舌外形扩大。猪头经拆骨后分为马面、下颌、舌头三部分。

（2）腌制

① 经拆骨后的净猪头肉先用精盐和硝酸钠腌制18小时后用开水洗净，晾干。

② 将除精盐及硝酸钠外的调味辅料放在容器内，用力拌匀后将晾干的净猪头肉放入浸腌2小时。

③ 捞出腌好的猪头肉，把马面、下颌、舌头各自分开，平放在竹筛上。

（3）烘烤

① 烘烤间的两旁置有铁架，地上置有燃青炭的火盆，把放马面、下颌、舌头的竹筛按次序平放在铁架上进行烘烤。

② 竹筛上的马面、下颌、舌头送入烘房经炭火烘制时要经常翻动，上下面互相翻转，使其各部烘烤均匀。经 24 小时烘制后，必须依次移到较高铁架上继续火烘。至水分烘干后，用麻绳将马面、下颌、舌头各自穿起。

③ 把穿上绳后的马面、下颌、舌头依次挂到竹竿上，再把竹竿送入烘房继续烘制 4～5 天，待水分全部烘烤净，即为腊猪头成品。如遇天晴可利用日晒夜烘的办法。

④ 成品包装：腊猪头成品应包括马面、下颌、舌头三个部分，因此在出口装箱前必须把马面、下颌、舌头三件连在一起，再进行包装和装箱。

4. 规格标准与产品特色

腊猪头色泽红润，美观，味香，鲜美可口。每只腊猪头共有马面、下颌、舌头三件，用麻绳连串在一起。出品率为 37%～39%。

（三）平顶山蝴蝶腊猪头

1. 工艺流程

原料整理→腌制→烘烤→成品。

2. 配方

原料：去骨后的生猪头肉 100 千克。

辅料：八角 300 克，硝酸钠 20 克，白酒 2 千克，白糖 3 千克，食盐 4 千克，酱油 5 千克。

3. 技术要点

（1）选用三道纹的短嘴猪头，经过刮毛、剔骨（保持猪头完整，有猪舌），放在清水中浸泡 12 小时。

（2）去尽淤血，捞出，控去水分，然后加入辅料放进缸内腌制 5 天。腌制时要一层一层摆好，一层肉一层辅料，最后用石头将肉压紧。前 3 天，每天翻一次肉，以便腌制匀透。

（3）肉腌好后出缸整理成蝴蝶形状，放入恒温烘房烘烤 3 天（温度第一天为 60℃，第二天 50℃，第三天 40℃），待外皮干硬、瘦肉呈酱红色时，即为成品。

4. 规格标准与产品特色

蝴蝶腊猪头是河南省平顶山市食品公司参照外省腌腊肉制品工艺，结合中原地方传统风味，经过20多年不断摸索、改进提高，使产品定型、批量生产。蝴蝶腊猪头形似蝴蝶，形体完整美观，耳朵、猪舌齐全，色泽鲜艳，皮面油光发亮，肉质干爽紧密，风味独特，笼蒸40～50分钟即为佳肴，切片可食，腊香可口，脆肥不腻，便于保存、携带。

（四）腊猪嘴

1. 工艺流程

选料→腌制→晾晒→成品。

2. 配方

原料：猪嘴肉10千克。

辅料：精盐300克，白酒80克，白糖60克，一级生抽500克，麻油60克，硝酸钠2克。

3. 技术要点

（1）将选择好的新鲜猪嘴肉切开两边，清洗干净。

（2）整理好的猪嘴肉先用硝酸钠擦匀表皮。再加精盐、白酒、白糖、一级生抽，搅拌均匀，再放置腌制4～5小时，待入味后再加麻油拌匀，使其色泽鲜明。

（3）将腌好的猪嘴肉用细麻绳穿上，挂在阳光下暴晒6天，即为成品。

4. 规格标准与产品特色

腊猪嘴是广东地方产品，其肉质爽脆，腊香味美。

（五）广式腊猪舌

1. 工艺流程

原料选择与修整→腌制→烘焙→成品。

2. 配方

原料：猪舌50千克。

辅料：酱油1千克，精盐1～2千克，硝酸钠25克，白糖3～4千克。

3. 技术要点

（1）选用洁净的猪舌（鲜、冻均可），把喉管、淋巴除去，在舌底开一刀，撕开，修成桃状。

（2）将调好的辅料放入猪舌中，搅拌均匀腌3～4天，把猪舌捞起，沥干后在猪舌上面戳一个洞，穿上细麻绳，挂在竹竿上，送烘房烘焙。

（3）烘房温度控制在 50℃左右，烘焙 1～1.5 天，在烘焙过程中需翻动猪舌，使其受热均匀。烘干后即为成品，成品率为 50%左右。

还有一种烘焙方法，先把猪舌逐块放在竹筛上，放满为止，即送烘房烘焙 4 小时左右，待猪舌定型后从烘房里拿出来，穿上细麻绳挂在竹筛上，再次送烘房烘焙。

4. 规格标准与产品特色

腊猪舌呈长条形，色暗红，味甘香。

（六）成都腊猪舌（图 5-2）

图 5-2　成都腊猪舌

1. 工艺流程

整理→腌制→挂晾→烘烤→成品。

2. 配方

原料：鲜猪舌 100 千克。

辅料：

（1）川式：食盐 6～7 千克，花椒粉 150～200 克，白糖 1～1.5 千克，八角 150 克，桂皮 50 克，硝酸钠 50 克，白酒 1 千克。

（2）广式：食盐 3.5～4.4 千克，白糖 6 千克，曲酒 2 千克，酱油 4 千克，硝酸钠 50 克等。

3. 技术要点

（1）将鲜猪舌除去筋膜、淋巴，放入 80℃的热水中汆过，再刮尽舌面白苔。

（2）靠舌根深部用力划一直口（以便浸透），成条状，将辅料拌匀，一次涂抹（均匀）在舌身上，然后入缸腌制 1.5 天（或 3 天）后翻缸，再腌制 1.5 天（或 3 天），待盐料汁液渗入舌体内部即可出缸。

（3）将出缸猪舌用清水漂洗干净，去净白霜杂质，用麻绳穿舌喉一端，挂晾在竹竿上，待水汽略干后，送烘房烘烤。

（4）将晾干水汽的猪舌连竿送入烘房内，室温掌握在50℃左右，全部烘烤时间为30～35小时，视舌身干硬，即可出坑，冷透后包装。烘时越长（在同样温、湿度下），产品越干，成品率也就越少，但存储时间越长。

4. 规格标准与产品特色

成都腊猪舌是成都的传统名特腌腊肉制品之一，至今已有近百年的历史，成品率55%左右。身干质净，咸度适中，无烟熏味，无异臭味，指压无明显凹痕，有自然的腊香。色泽鲜美，腊香纯正，无烟熏味，味厚肉嫩，是理想的冷盘下酒珍品。

（七）川式金银舌

1. 工艺流程

整理→腌制→整形→烘烤→成品。

2. 配方

原料：鲜猪舌60千克，鲜硬性肥膘40千克。

鲜猪舌用辅料：

（1）川味：每100千克舌坯用食盐6千克，白糖1.5千克，花椒200克，糖色（用白糖炒成）200克，八角粉150克，桂皮粉50克，生姜末0.1千克，硝酸钠50克，白酒0.5千克。

（2）广味：每100千克舌坯用食盐2.8千克，白糖8千克。

肥膘用辅料：每100千克用食盐7～8千克，无色豆油2千克，白糖1.5千克，白酒1千克，生姜、大葱汁（捣烂浸水）各1千克。

3. 技术要点

（1）将猪舌整理，刮去舌苔，漂洗干净。

（2）拌匀鲜猪舌用辅料，猪舌在缸内腌制12小时，半天翻一次缸，使其充分吸收辅料后，出缸漂洗一次，晾去水汽。与此同时，将硬性肥膘（肚腹不要，脊背最好）切成16.7厘米见方的块状，先用盐、糖入缸腌3～4天起缸。再切成13～17厘米长、16厘米宽的锥形肥肉块，淘洗晾干，再加入其余辅料混合腌制36～40小时，取出用清水洗净，晾干备用。

（3）用尖刀（柳叶形）在舌根部中心刺口直插舌尖部，不能刺破刺穿，再将备用之肥膘装入舌内嵌到尖部（一般常借助于铁皮套筒）。然后用麻绳穿在舌根部，封创口，不露白色（膘馅）。上竿晾去水汽。

（4）在室内温度60℃左右烘烤24～30天，视其干硬，即可出坑，冷透即可包装，成品率60%～65%。

4. 规格标准与产品特色

所谓金银舌，是取舌身绛紫泛红似金、舌心中空镶嵌白膘似银而得名。其特点和选料与腊猪舌稍有不同，加工工艺更奇特，为四川之名产。剔除舌根，封口不漏白膘，舌身绛紫泛红，舌心洁白如玉，状如玉嵌琥珀。舌身丰满，干爽实在，不带舌根，食之香鲜肥润，瘦不塞牙，肥不腻口。

二、腌腊猪心、腰、肝、肚

（一）上海腊猪心

1. 工艺流程

选料→腌制→晾晒→成品。

2. 配方

原料：猪心5千克。

辅料：精盐90克，酱油220克，砂糖220克，大曲酒90克，酱油90克，姜汁20克。

3. 技术要点

（1）选用新鲜猪心，用刀割掉猪心血管，再用刀将猪心剖开，取出淤血，然后用冷水洗净。用刀按猪心纹路割成数薄片，使猪心外形扩大而成扇形。

（2）将猪心与盐、砂糖、大曲酒等调味料拌匀，放入瓷盆中，腌浸6小时。

（3）将腌好的猪心平放在竹筛上，置阳光下暴晒6天，既为成品。

4. 规格标准与产品特色

上海腊猪心是上海地方产品，呈串珠状，色泽红润，表面干硬，既可蒸食，又可制肴，味香鲜美。

（二）各地腊猪心

1. 工艺流程

原料修整→拌料腌制→烘制→成品。

2. 配方

原料：鲜猪心100千克。

辅料：

(1) 长沙：精盐4.6千克，硝酸钠20克，白糖1.4千克。

(2) 涪陵：食盐5千克，白糖2千克，酱油4千克，曲酒2千克，混合香料200克，花椒面100克，硝酸钠20克。

(3) 成都：精盐5.5千克，糖1千克，酒0.5千克，花椒0.2千克，豆油2千克，桂皮0.1千克。

(4) 绵阳：食盐7千克，白酒0.5千克，花椒0.1千克，硝酸钠50克。

(5) 广州：食盐3.5千克，白糖6千克，酱油4千克，白胡椒面200克，曲酒2千克，硝酸钠50克。

3. 技术要点

(1) 将鲜猪心上的心血管尽行割去，对剖猪心，取出淤血，然后用水洗净。

(2) 修去碎块肥筋，整形成片状，再次清洗。将辅料拌匀，再将猪心放入盛有辅料液的容器内反复拌匀，沉浸6～8小时（两小时翻缸一次）。

(3) 将猪心取出（成都做法：取出用清水漂洗一下），放在竹筛上，略干水汽，即送烘房。烘房温度为40～50℃，烘72小时即成（也可在天气晴朗时利用日光暴晒），冷凉后包装。

4. 规格标准与产品特色

上海、广州及四川各地均有生产，成品率38%～45%，绵阳只烘40小时，成品率可达50%。全心呈一只状、半片状、墨鱼状，身干质洁。产品可煮食或蒸食，切片呈淡红、枣红，腊香醇厚、回甜，滑嫩爽口。

(三) 广州腊猪腰

1. 工艺流程

原料修整→腌制→烘烤→成品。

2. 配方

原料：鲜猪腰100千克。

辅料：食盐2.5千克，生抽酱油5千克，白糖3.8千克，硝酸钠50克，黄酒1.3千克。

3. 技术要点

（1）先把经卫生检验合格的鲜猪腰上的脂肪割净，并把腰面的一层油质薄膜剥除，用刀从一端侧面切入，但不全部切开，使腰肉成链条形，洗净血污、油脂即为腰坯。

（2）将配料均匀布于猪腰坯上，腌制 18 小时，期间翻动一次使之充分腌透。

（3）猪腰坯腌透后，用麻绳两个一串地串联起来，串在竹竿上送入烘炉大火烘烤 16 小时即为成品。

4. 规格标准与产品特色

腊猪腰为广州等地特产，产品红褐，腊香浓郁，肉质爽脆，是不爱吃肥腻食品者的佳品。

（四）腊猪肝

1. 工艺流程

修整→腌制→挂晾→烘烤→成品。

2. 配方

原料：鲜猪肝 100 千克。

辅料：

（1）川式：食盐 6.5～7 千克，白酒 1.5～2 千克，生姜（或粉）100～300 克，花椒 10～15 千克，硝酸钠 20～25 克。其余香料按地区消费习惯加减。

（2）广式：减盐加糖。食盐 3.5 千克，白糖 6 千克，酱油 4 千克，白胡椒 200 克，曲酒 2 千克，姜汁水 500 克，香料适量（此外，也可加适量味精）。

3. 技术要点

（1）完好无破损地摘除苦胆，割去筋油，划成 4 块，并在较大那块肝上用刀割一道口，使其进盐，还需打针眼，以排除空气。

（2）将辅料拌匀，肝放盆内，倒入辅料，用手混合敷料，务必吃料均匀，再入缸腌制。1～2 天翻缸，再腌 2 天即可出缸。

（3）出缸后的肝用清温水漂洗干净，拴绳穿于竹竿上挂晾，等水汽略干后，即可进房。

（4）烤 28～32 小时（室温 40～50℃，约 72 小时）。烘烤时可挂在竹竿上，也可放在竹筛上，用木炭烘烤。视其干硬，就可出坑，冷透后

包装。

4. 规格标准与产品特色

腊猪肝有不同的产品类型，就地方讲，成都、涪陵、上海、靖江、大理、广州等均有生产，产品上有腊猪肝、金银肝（广州称腊金银润）等；就风味讲，有广式、川式；就外形讲，有片、条之别。

腊猪肝身干质洁，腊香纯郁，无烟熏味，煮熟切片呈淡红色，条形约长15厘米、宽1.5厘米，片形约长20厘米、宽5～7厘米，成品率30%～40%。蒸食、煮食皆宜，产品色泽紫褐泛红，腊香油润，质地柔韧，醇香甘美，不仅是佐酒菜，也是幼儿、孕妇、产妇良好的滋补食品。

（五）金银润

1. 工艺流程

选料→整理→腌制→晾晒→修整→烘制→风干→成品。

2. 配方

原料：鲜猪肝100千克，猪肥膘100千克。

辅料：食盐7千克，酱油8千克，白糖9千克，红油3千克，姜汁500克，曲酒5.5千克。

3. 技术要点

（1）选用符合卫生检验要求的新鲜猪肝和猪肥膘肉，作为加工的原料。

（2）选好的鲜猪肝洗净，剔去筋络，切成条状，头部略大，尾部略小，再用小绳将肝条逐个串好；猪肥膘肉亦切成小于肝条的条状。

（3）猪肥膘切为细长条，添加食盐3千克，混合均匀放置于冷库中2℃腌制3天，温水洗净沥干，添加白糖4千克、酱油4千克、曲酒2千克、红油1.5千克，腌制2小时。

（4）鲜猪肝与剩余的食盐和其他辅料混合，搅拌均匀后腌制3小时左右，挂在阳光下，晒至五成干。

（5）晒好的猪肝用刀把肝条从头部中端插入开成洞，再瓤入肥膘条，如此一一做好。

（6）瓤好的猪肝条挂在阳光下晾晒，晚间送入烘房烘至九成干。

（7）烘好的猪肝条悬挂在室内，进行风干，即为成品。

4. 规格标准与产品特色

金银润又名“金银肝”，是广西南宁著名的传统风味腊制品，猪肝深褐，鲜明光泽，肥肉洁白，质地透明。猪肝甘香，肥肉爽脆，味美可口，风味独特。食用时依个人喜好，上屉蒸熟或入锅炒制或煮熟，再切片装盘即可。

（六）腊香肚（图 5-3）

图 5-3　腊香肚

1. 工艺流程

整理→制馅→装馅、扎口→发酵鲜化→叠缸贮藏。

2. 配方

原料：猪肉 100 千克（瘦肉 70%，肥膘 30%）、猪膀胱。

辅料：糖 5 千克、盐 5 千克、硝酸钠 50 克、五香粉 50 克。

3. 技术要点

（1）先将新鲜猪膀胱管外表的筋络、脂肪等切掉，然后进行腌制。将膀胱的内外均匀涂上干盐，放在缸中封严贮存；经 10 天后再进行第二次擦盐，再放入缸中贮存；腌制 3 个月之后，从盐卤中取出，再施以少量干盐，经搓揉放入薄包中长期贮藏作为备用。

（2）将猪肉切成细的长条，肥膘切成小块，然后将糖、盐、硝酸钠、五香粉撒入肉中调和均匀，停放 20 分钟左右，待各配料充分渗入，随即装馅。

（3）根据猪膀胱大小不同，将称好的肉馅放入猪膀胱内，一般重 250 克一个。将其揉实，进行扎口。

根据猪膀胱干湿不同，扎口方法有别签扎口法和非别签扎口法两种。一般用湿的猪膀胱时采用别签扎口法。干猪膀胱采用非别签扎口法，即直接用麻绳扎口。别签扎口方法是，首先别好签，套上麻绳，然后拉紧麻绳，收紧香肚口，一根麻绳拴两个香肚。

(4) 扎口后的香肚，挂在通风有阳光的地方晾晒。晾晒时间以不同的季节温度、湿度不同而稍有差异。如一、四季度，气温较低，晾晒2～3天即可。

(5) 晾干后的香肚，用剪刀将香肚扎口的长头剪掉，然后每10只香肚挂串一起，放在通风干燥的库内，注意香肚之间不要太密，便于通风。

香肚晾挂时应根据不同季节的气温不同，恰当控制库内温湿度。在刚开始晾挂时，应注意通风，经40天左右即可为成品，这时应把门紧闭，防止过分干燥而发生变形流油现象。正常情况下，晾干后的香肚，在香肚的表面长出一层红色的霉菌，逐渐由红变白，最后呈绿色，这是保藏期间发酵鲜化的正常标志。如只长红霉且表面发黏，是由于香肚没有晾干、库内湿度大所致。

(6) 将晾挂好的香肚表面的霉菌刷掉，每4只扣在一起，然后以100只香肚用2千克麻油加以搅拌，使每只香肚表面都涂满一层麻油，再堆叠在缸中，这样可贮藏半年以上。

4. 规格标准与产品特色

产品特点：外形如苹果，较为美观，肚皮弹性大，不易破裂；肉质紧实，可以长期保存而不变质；食用方便，肉质红白分明，滋味鲜美；便于携带，适于凉食。

质量标准：一般均为250克，状如苹果，肉质紧密，切开后红白分明，食之略有甜味。

食用方法：香肚熟制时，先将肚皮表面用水洗干净，放入冷水锅中加热煮沸，沸腾后立即停止加热，使锅内水温保持在85～90℃，经1小时左右即煮熟。煮熟香肚须待冷却后方能切开，否则因脂肪熔化而流失，肉馅也容易松散。

(七) 四川腊猪肚

1. 工艺流程

原理选择→腌制→烘烤干燥→成品。

2. 配方

原料：鲜肚坯50千克。

辅料：食盐3.5千克，硝酸钠25克，白酒250克，花椒75克。

3. 技术要点

（1）选择符合卫生标准的鲜猪肚，洗净污物，去除油脂，剖成薄片，再清洗干净，沥去水分。

（2）先将白酒洒在肚皮上，拌匀。再将其他辅料混匀，加入肚皮于盆内搅拌搓揉均匀。入缸腌 4 天，中间翻缸 1 次。

（3）腌好的肚皮出缸，晾干表水，烘烤 26～32 小时，待肚皮干硬即可，冷透后用防潮纸包装即为成品，成品率 25％～30％。

4. 规格标准与产品特色

四川制作的腊猪肚产品咸度适中，腊香浓郁，除符合国家腌腊肉制品标准外，外观肚皮干燥完整，无黏液及霉点，坚实或有弹性。切面有光泽，肌肉灰红或玫瑰红色，脂肪白色稍带红色。具有腊猪肚特有风味。

（八）湖南腊猪肚

1. 工艺流程

选料→修整→烫煮→清洗→腌制→烘制→成品。

2. 配方

原料：猪肚 50 千克。

辅料：精盐 3.5 千克，硝酸钠 10～15 克。

3. 技术要点

（1）选用符合卫生检验要求的新鲜猪肚，冲洗干净，作为加工的原料。

（2）选好的猪肚冲洗干净后，剪去油脂，边缘修整齐，再冲洗干净，再将猪肚顺外圆切开 1/3，用清水冲洗。

（3）洗净的猪肚放入沸水中烫煮 5 分钟，使其收缩变硬，成形。

（4）烫煮好的猪肚用刀刮去肚内外一切污物，再反复搓揉，直至肚内外一切污物刮净，再冲洗干净，将肚的切口处向下，沥水。

（5）沥干的猪肚用精盐和硝酸钠的均匀混合料涂擦于其内外壁，涂匀，放置于干净的容器内，腌制 24 小时。

（6）腌好的猪肚切口朝下，挂在竹竿上，再送入烘房，房温 55℃，烘制 24 小时，烘至猪肚表面呈浅黄色，即为成品。

4. 规格标准与产品特色

腊猪肚呈圆块状，表面略干，色泽浅黄，咸度适中，爽脆腊香，越嚼越香，酒饭皆可，佐酒更佳。

三、其他猪副产腌腊肉制品

（一）腊腩条

1. 工艺流程

选料→修整→腌制→烘烤→成品。

2. 配方

原料：猪腩条 10 千克。

辅料：精盐 280 克，白酒 120 克，一级生抽 500 克，白糖 380 克，硝酸钠 5 克，猪油 180 克。

3. 技术要点

（1）选用符合卫生检验要求的制“腊花肉”割下的腩尾，作为加工的原料。

（2）选好的猪腩条切成条状。

（3）猪腩条加精盐、白糖、白酒、一级生抽、硝酸钠搅拌均匀，腌制 4～5 小时，使之充分入味，再加猪油拌匀，使其色泽鲜明。

（4）腌好的猪腩条用小麻绳穿起，挂在阳光下暴晒，至晚上收回放在烘炉里，进行烘烤，翌日再挂在阳光下暴晒，如此经过 4 天，即为成品。

4. 规格标准与产品特色

腊腩条为广州等地特产，用腊花肉下脚料制成，可作食油用，物美价廉，深受欢迎。

（二）腊猪奶沙

1. 工艺流程

选料→腌制→晾晒→成品。

2. 配方

原料：母猪奶脯肉 10 千克。

辅料：精盐 250 克，白酒 120 克，白糖 350 克，一级生抽 500 克，麻油 150 克，硝酸钠 3 克。

3. 技术要点

（1）选用符合卫生检验要求的鲜母猪奶脯肉，清洗干净，切成条状。

（2）将精盐、白酒、白糖、一级生抽、硝酸钠混拌均匀，拌入猪奶脯肉条中，腌制 4～5 小时，使之充分吸收各种调味料。再加入麻油拌匀，使奶脯肉色泽鲜明。

(3) 腌好的肉条用小麻绳穿上，挂在阳光下暴晒 6 天，即为成品。

4. 规格标准与产品特色

腊猪奶沙是广东江门等地特产，是用母猪奶脯肉制成，肉质爽口，香辣味美，别有风味。

(三) 广州腊排骨

1. 工艺流程

选料→修整→腌制→暴晒、烘制→成品。

2. 配方

原料：猪排骨 1 千克。

辅料：精盐 25 克，一级生抽 50 克，白酒 12 克，白糖 38 克，猪油 18 克。

3. 技术要点

(1) 选用符合卫生检验要求的新鲜的猪厚肉排骨，作为加工的原料。

(2) 选好的猪排骨用刀按斜方格划割，以便吸收辅料。

(3) 整理好的排骨加全部辅料（猪油除外）混合均匀，经充分搅拌，再放置腌制 8 小时，使其入味，然后加入猪油拌匀，使其色泽鲜艳。

(4) 腌好的排骨用小麻绳穿起，挂在阳光下暴晒，晚上送入烘炉进行烘制，如此反复晒、烘，经过 4 天，即为成品。

4. 规格标准与产品特色

腊排骨，全年均可制作，以秋冬为佳，腊排骨因有骨，不宜久存，一般以 1～2 周内食用为宜，味美爽口，甘香不腻，别有风味。

(四) 广州腊碎肉

1. 工艺流程

选料→修整→腌制→烘烤→成品。

2. 配方

原料：碎猪肉 10 千克。

辅料：精盐 280 克，白酒 100 克，一级生抽 500 克，白糖 380 克，硝酸钠 5 克，猪油 180 克。

3. 技术要点

(1) 选用符合卫生检验要求的制“腊肉”“腊肠”割剩下来的边角料，作为加工的原料。

（2）选好的肉料切成条状。

（3）猪肉条加精盐、白酒、一级生抽、白糖、硝酸钠拌匀，再腌制4～5小时，使之充分吸收辅料，再加猪油搅拌均匀，使其色泽鲜明。

（4）腌好的肉条用小麻绳穿起，挂在阳光下暴晒，至晚上收回，再放入烘炉中进行烘烤，翌日再于日光下暴晒，如此经过4天，即为成品。

4. 规格标准与产品特色

广州腊碎肉，是由制取“腊肠”“腊肉”余下的边角料加工而成，是腊味的副产品，物美价廉，深受当地群众欢迎。

（五）广州腊金钱豉肉饼

1. 工艺流程

选料→腌制→晾晒→成品。

2. 配方

原料：猪头肉5千克。

辅料：白糖550克，精盐150克，白酒250克，一级生抽250克，硝酸钠2.5克，麻油适量。

3. 技术要点

（1）选用新鲜猪头，用刀从下颚处切开，再将肉切成条状。

（2）切好的猪头肉加入精盐、生抽、白酒、白糖、硝酸钠混匀，腌制5～6小时后加入麻油，使其色泽鲜明。

（3）将腌好的猪头肉用细麻绳穿上，挂在阳光下暴晒6天，即为成品。

4. 产品特色

广州腊金钱豉肉饼是地方腊制品之一，其腊味香甜，下酒佐食均可。

（六）湖南金钱肉饼

1. 工艺流程

选料→整理切割→清洗定型→上料腌制→烘烤干燥→成品。

2. 配方

原料：猪肉50千克。

辅料：精盐1.5千克，白糖1.5千克，硝酸钠25克，白酒750克。

3. 技术要点

（1）选用符合卫生检验要求的皮薄肉嫩的鲜猪后腿肉，作为加工的原料。

（2）选好的猪肉，拆去骨头，切下蹄筋、肘皮，再自上而下切成2厘米厚的肉坯，按顺序取其中第4～6刀的肉，做金钱肉饼坯最适宜。肉坯选好后，去皮，定型。

（3）定好型的肉坯用温水洗去血渍和污物，沥干水分。

（4）缸底先加一层辅料，将肉坯放入缸内。依此，一层肉坯一层辅料，至完。进行腌制，冬季腌6小时，一般腌3～4小时，翻缸后，再腌24小时。

（5）腌好的肉坯，放竹篾上，逐块整形。再送入烘房，用微火烘5～6小时，取出。再将肉饼用麻绳串起来，用竹竿穿好，再送烘房，经20小时的烘烤，即为成品。每个重400～500克。

4. 产品特色

湖南金钱肉饼是湖南省的名牌产品，产品色泽鲜明，肉色鲜红，脂肪透明，肉身干爽，结实细致，富有弹性，香味浓郁。

（七）湖南米粉坛子肉

1. 工艺流程

修整→腌制→烘焙→成品。

2. 配方

原料：三成肥、七成瘦的带皮剔骨鲜猪肉100千克。

辅料：食盐2千克，白糖或红糖、酱油各2.5千克，米酒或糯米酒2千克，五香粉0.2千克，米粉16千克。

3. 技术要点

（1）将鲜猪肉洗净晾干后，切成长8厘米、宽5厘米、厚1.5厘米的薄片盛在木盆或瓦盆里。

（2）分层放进食盐、白糖（或红糖）、酱油、米酒（或糯米酒），腌制3～5天，使肉浸透均匀。

（3）肉块逐块沾上五香粉和米粉，置于钢筛上，用木炭小火（严格掌握火候）连续烘焙12小时，待米粉肉面呈金黄色，开始冒油时即可。热气消失后，装坛密封。

4. 产品特色

在“冬至”到来年“立春”之前制作，用鲜肉加上配料制成后入坛密封保管，随食随取，故称“坛子肉”。

（八）枫蹄

1. 工艺流程

选料→腌制→晾晒→成品。

2. 配方

原料：猪前蹄 10 千克。

辅料：精盐 1.5 千克，硝酸钠 3 克，酱油 6 千克。

3. 技术要点

（1）选择符合卫生检验要求的猪前蹄，刮净残毛，冲洗干净。

（2）将猪蹄洒上硝酸钠水，放入盐卤中腌制 20 天，再晾干，5～6 天后，放入酱油中浸泡 12 小时。

（3）干燥通风处，将盐水出净，即成枫蹄。

4. 产品特色

枫蹄俗称圆蹄，原料为猪的前蹄，去掉蹄壳，经腌制而成。其皮色紫黄，精肉呈褐色，色鲜味美。

（九）白云猪手

1. 工艺流程

选料→刮毛清洗→漂洗整理→腌制→成品。

2. 配方

原料：猪蹄 50 千克。

辅料：白糖 2 千克，精盐 1.5 千克，白醋 450 克，硝酸钠 10 克。

3. 技术要点

（1）选用符合卫生要求的大小均匀、肥大的猪蹄，作为加工的原料。

（2）选好的猪蹄，刮净残毛，剖开两边，切成方块，每块重约 75 克，用清水冲洗干净。

（3）冲洗好的猪蹄，放入开水锅中，浸泡 4 次，每次 10 分钟，再用清水浸泡 4 次。用热水、清水浸泡必须交替进行。即一次热水，再一次清水，如此反复进行。

（4）泡浸好的猪蹄，晾干水分，再和辅料一起混合，搅拌均匀，一同装入缸内腌制，经过 36 小时的腌制，即为成品。

4. 产品特色

白云猪手是广东省广州市名产，广为制作，四季供应，方块形状，色泽洁白，清甜味美，爽脆不黏，深为广东人所喜爱。

（十）猪肝香肠

1. 工艺流程

选料→清洗整理→切块→制馅灌制→漂洗、挂晾→烘烤或晒制风干→成品。

2. 配方

原料：猪肝 3 千克，猪瘦肉 4 千克，猪肥膘肉 3 千克。

辅料：食盐 400 克，酱油 400 克，硝酸钠 5 克，白糖 400 克，白酒 400 克，花椒 10 克，姜末 15 克，肠衣（猪肠衣）适量。

3. 技术要点

（1）选用符合卫生检验要求的鲜猪肝、鲜猪瘦肉和猪肥膘肉，作为加工的原料。

（2）选好的猪肝摘去苦胆，去掉肝上的筋肉，用清水洗净，沥干水分，再切成 1 厘米见方的块。猪瘦肉和肥膘肉也分别切成 1 厘米见方的块。

（3）肥瘦肉丁混合，加食盐和硝酸钠拌匀，一般揉搓 5 分钟，使之混合均匀。10 分钟后，再将其余辅料（花椒磨粉）加入混拌均匀，加猪肝丁拌匀，即成馅料。

（4）馅料灌入肠衣中，以长 12 厘米卡为一节，将馅料全部灌完。

（5）灌好的肠体放入温水中，漂洗一次，洗去肠衣外面沾污的油污等。再针刺排出肠内的空气和水分。然后挂在竹竿上，准备干制。

（6）灌好的肠体可直接烘制，温度在 50～55℃。开始低温（50℃）中间高温（55℃），至快干时再低温（50℃），一般需烘 36～48 小时。期间要经常调换肠体位置，使烘烤均匀。烘至肠衣表面干燥，有明显的皱纹，色泽红润，具有香肠固有的香味，即好。或者将灌好的肠体日晒 2～3 天，最后挂在通风处，晾挂风干 10 天左右，即为成品。

4. 产品特色

猪肝香肠，粗细均匀，长短整齐，色泽深褐，肠干质硬，鲜美适口，肝香突出，营养丰富，别有风味。

（十一）广州蛋黄肠

1. 工艺流程

选料→切条绞丁→蛋黄饼制作及切丁→制馅灌制→漂洗、挂晾→晒制风干或烘烤干燥→成品。

2. 配方

原料：猪瘦肉 32.5 千克，猪肥膘肉 15 千克，鸭蛋黄 2.5 千克。

辅料：精盐 1.25 千克，酱油 2.5 千克，白酒 1 千克，白糖 5 千克，亚硝酸钠 3 克。

3. 技术要点

（1）选用符合卫生检验要求的鲜猪肉，作为加工的原料。

（2）选好的猪瘦肉切成条块，再绞成 1 厘米的方丁。猪肥膘肉切成 1 厘米的方丁，再用 100℃的热水烫一下，捞出，凉透。鸭蛋黄摊成饼，烙熟，切成 1 厘米的方丁。

（3）三种方丁放在一起。全部辅料放在一起，混合均匀，倒在方丁里，搅拌均匀，即成为馅料。

（4）肠衣用清水泡软，洗净，把馅料灌入肠衣里，每间隔 21 厘米卡为 1 节，用肠衣本身扭转打结，或用线绳捆扎成节，并用针刺排气。

（5）灌好的肠体穿在竹竿上，挂在阳光下晒干，或送入烤炉里烘烤，烤炉温度要控制在 70℃左右。烘烤 2 小时，待肠体表皮干燥，即可出炉。原竹竿挂在干燥阴凉通风处，风干 3～5 天。最后，用剪刀剪成两根为一对的形状。即为成品。

4. 产品特色

蛋黄肠为广州特产，食用时蒸或煮 20 分钟，香甜软嫩，鲜美可口，营养丰富，别有风味。

（十二）广州蛋香菇肠

1. 工艺流程

选料→切条绞丁→香菇调制→制馅灌制→晒制风干或烘烤干燥→成品。

2. 配方

原料：猪瘦肉 20 千克，猪肥膘肉 20 千克，香菇 10 千克。

辅料：精盐 1.25 千克，酱油 2.5 千克，白酒 1 千克，白糖 5 千克，亚硝酸钠 3 克。

3. 技术要点

（1）选用符合卫生检验要求的鲜猪肉和合格的香菇，作为加工的原料。

（2）选好的猪瘦肉切成条块，绞成 1 厘米的方块。猪肥膘肉切成 1 厘米的方丁。香菇用温水泡透，洗净泥沙，去蒂，切成1厘米的方块，去掉水分。

（3）将3种原料放在一起。全部辅料放在一起，混拌均匀，倒在原料里，搅拌均匀，即成馅料。

（4）猪肠衣用清水泡软，洗净，灌入馅料，每间隔21厘米卡为1节，用肠衣本身扭转成结，并用针刺排气。

（5）灌好的肠体穿在竹竿上，挂在阳光下晒干，或送入烤炉里烘干。最后，原竹竿挂在干燥阴凉通风处，风干3～5天，再用剪刀剪成两根为一对的形状，即为成品。

4. 产品特色

香菇肠是广州特产，蒸或煮20分钟食用，鲜嫩味美，菇香清幽，爽口不腻，别有风味。

第六章　禽肉腌腊肉制品加工

一、鸡肉腌腊肉制品

（一）成都风鸡（图6-1）

图6-1 成都风鸡

1. 工艺流程

选鸡→宰杀→腌制→成品。

2. 配方

原料：白条鸡10千克。

辅料：花椒20～30克，盐0.6～0.7千克，五香粉10克，白糖100克。

3. 技术要点

（1）挑选羽毛鲜艳、有长尾毛的阉鸡或肥壮健美的公鸡。

（2）在鸡的颈部宰杀，不去毛，腹下开膛取出内脏。为了防止腐败变质，要挖尽肺叶和软硬喉管，并把腹膛揩擦干净，同时注意不把羽毛弄湿弄脏。

（3）先用少量辅料腌擦切口，塞进喉部和口腔，顺颈轻轻向下理，再用小刀从腹腔内侧伸进，在鸡腿开一小口（注意不要划透以免伤皮），用一小撮辅料擦入开口中。然后用手将辅料在腹腔内抹擦均匀，并用干燥木炭1～2节放入腹内吸收水分。把鸡脚倒挂或平放在案板上腌渍3～4天，然后用绳串鼻，挂在阴凉通风处，半个月后即为成品。在腌渍时不能堆码，以免盐水污染羽毛。

4. 规格标准与产品特色

产品膘肥肉满，羽毛整洁有光泽，肌肉略带弹性，无霉变虫伤，无异味。产品一般在立春前食用，否则，容易变质并有哈喇味。先干拔鸡的羽毛，大毛拔尽后，细毛可用火燎，最好用酒燃燎，但要防止火焰把鸡皮燎污。然后用热水浸泡，刮去污垢，从脊背处剖开。上笼蒸，蒸熟后晾凉。食时切成条状，淋上芝麻油。或在毛拔净后用水浸泡，再下凉水锅，用中火将水烧沸，改用小火，待鸡肉熟后，把锅端起，冷却后捞出食用。如将热鸡从锅中取出，经过风吹冷却，吃起来鸡肉就有发柴的感觉，风味逊色。

(二) 湖南风鸡

1. 工艺流程

选料→腌制→风干→成品。

2. 配方

原料：带毛肥鸡 10 千克。

辅料：精盐 150 克，白糖 100 克，硝酸钠 5 克。

3. 技术要点

(1) 选择当年肥鸡，鸡宰杀前应停食 12 小时，使鸡排净肠里的粪便，宰杀后不要去毛，只在肛门处开一小口，取出内脏，用清水洗净腹腔。

(2) 将精盐、白糖、硝酸钠混合均匀，涂抹鸡腹腔，腌制 1 天。

(3) 腌制好的鸡再用黄泥连皮带毛紧紧裹住，悬挂在干燥通风处，自然风干 20～30 天，即为成品。

4. 规格标准与产品特色

湖南风鸡是湖南省长沙市地方传统特产，至今已有 90 多年的历史，因为它是用肥母鸡或阉鸡连毛封住风干制成的，所以叫风鸡。其肌肉饱满，肉质细嫩，味香回甜。湖南民间大多是在冬季腌制，春季食用。

(三) 金毛风鸡

1. 工艺流程

选料→宰杀→修整→充填→腌渍→风干→成品。

2. 配方

原料：空腹毛鸡 10 千克。

辅料：食盐 600～700 克，白糖 100～150 克，花椒 20 克，五香粉 10 克，硝酸钠 5 克。

3. 技术要点

(1) 选用健康雄壮、羽毛绚丽、尾长、躯体肥大、体态高昂、只重 1.5 千克以上的公鸡或阉鸡为加工原料，选好的活鸡在颈部割断动脉，放净血，保留羽毛。

（2）放净血的鸡，在其颈基部左侧或右侧用刀开一小孔，取出软硬喉管、气管；然后在肛门附近旋割切口，割去肛门，扯出直肠及全部内脏。

（3）辅料拌匀，先用少量辅料腌擦切口，并塞入喉部、口腔，顺颈向下理；再用小刀从腹内伸进，在鸡腿部开一小口，用一小撮辅料擦入开口中，再用手将辅料在体腔内抹擦均匀，同时将1～2块木炭放在体腔内吸收水分。

（4）把鸡脚倒挂或平放在案板上，腌渍3～4天。腌好后再用绳穿鼻孔，挂在阴凉通风处，经15天风干即成。

4. 规格标准与产品特色

金毛风鸡简称风鸡，是四川省著名的传统土特产品，历史可追溯到1910年前后，每年冬至开始加工，春节前上市。产品羽毛艳丽，有长尾毛，鸡形完整。食用时，必须拔光鸡毛，火燎绒毛，再用热水浸泡，刮去污垢，或用60℃热水浸泡煺毛，清水洗净，再切片、块，调以作料，炒、蒸、煮皆可，肉质鲜嫩，腴美味厚。

（四）长沙南风鸡

1. 工艺流程

选料、宰杀→修整→浸泡→整形→风干→成品。

2. 配方

原料：鸡5千克。

辅料：食盐200克，白糖150克，花椒10克，硝酸钠0.5克。

3. 技术要点

（1）选用健康无病、肥壮的活鸡，作为加工的原料。选好的活鸡宰杀，放净血，去毛后，洗净。

（2）净鸡体平放在案板上，用小刀从肛门起至颈部止沿中骨划破胸皮，再沿划线偏左切开胸腔，取出内脏，洗净血污。敲平背骨，切去腿、翅关节以下部分（翅可挽在背上），成鸡坯。

（3）辅料混拌均匀，擦遍全身，放缸内，用重物压实，两天后，上下倒换一次，并加盐含量为2%的凉开水盐液浸泡一天。

（4）浸泡好的鸡出缸，把颈部向右挽成圆形，并用麻绳穿入鸡的鼻孔，扎在鸡身右侧边缘，再穿透左边胸骨处，扎好。

（5）扎好的鸡，挂于干燥通风处，期间进行多次整形，一般10天后即成。

4. 规格标准与产品特色

南风鸡是湖南省长沙市地方传统特产，历史悠久，产品外形美观，肌肉饱满，肉质细嫩，味香回甜。

（五）湖北腊鸡（图 6-2）

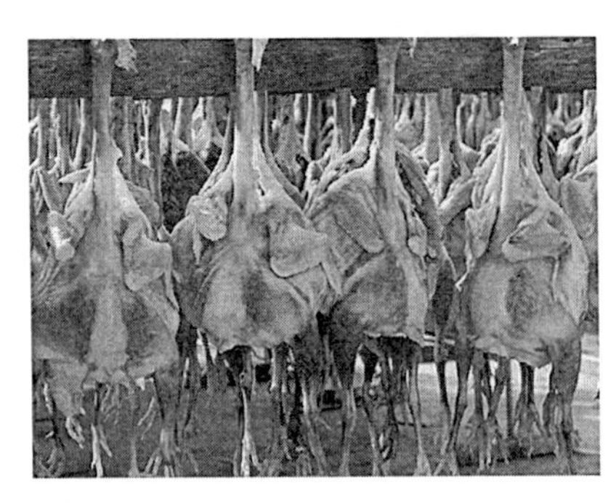

图 6-2　湖北腊鸡

1. 工艺流程

原料整理→腌制→烘制→成品。

2. 配方

原料：光鸡（整只）2 千克。

辅料：精盐 1.25 千克，硝酸钠 0.2 克，白糖 0.35 千克。

3. 技术要点

（1）准备做腊鸡的活鸡宰杀前应停食 1 小时，这样能提高腊鸡的产品质量和延长储存时间。宰杀后用 70℃左右的热水煺去粗毛，然后于温水内用夹子夹除细毛，再用清水冲洗干净并除去内脏、脚爪、翅膀。

（2）将辅料充分混合，用手均匀地涂擦于鸡体上，尤其注意体腔内要充分擦匀，在鸡嘴内和颈部放血口内可多撒些辅料。然后平铺于缸内腌制 32 小时，中间翻缸两次，以使鸡体充分腌透。

（3）将腌好的鸡体用麻绳系好，准备烘制。从腹腔开膛的，麻绳可系在腿上；从尾端开膛的，麻绳可系在头上；这样有利于膛内积水流出。然后把已系好绳的鸡体挂于院内晾干水汽，以便于烘制。最后移入 55℃左右的烘房连续烘制 16～18 小时，待鸡体表面烘至用手触之有干硬感，并呈金黄色时取出，即为成品。

4. 规格标准与产品特色

由 1.5 千克以上的肥母鸡或阉鸡经腊制而成，表面颜色金黄，质干味鲜，腊香浓郁，是深受消费者喜爱的一种腊制品。

(六) 广州腊鸡片

1. 工艺流程

原料整理→腌制→烘制→成品。

2. 配方

原料：鸡胸脯肉及大腿肉 50 千克。

辅料：精盐 1.25 千克，酱油 2.5 千克，白糖 1.9 千克，酒 0.65 千克，硝酸钠 10 克。

3. 技术要点

（1）将鸡屠宰和修整干净后，分左右两侧，带皮剖下鸡胸脯肉、大腿肉。根据肉的部位和大小，下刀割时应分别割成椭圆形或圆片。

（2）将割好的肉片放入已经混匀的辅料中腌制 4 小时，每小时应翻缸一次。

（3）将已腌制好的肉片平铺在能沥水的竹筐上，直接送入 55℃左右的烘房中连续烘制 16 小时，待鸡肉片的表面略干硬并呈金黄色时即成。也可白天放在太阳下暴晒，晚上转入 50℃的烘房内，连续 3 天即成。

4. 规格标准与产品特色

成品为椭圆形或圆形的薄片，色泽呈鲜明金黄色，味鲜肉嫩，香甜可口。该品用料考究，制作复杂，为高档腊制品，多作馈赠礼品之用。因其营养丰富，不肥腻，食用方便，故适合特种工作（如航空、航海、野外工作等）人员及忌吃肥腻的病人食用。

(七) 姚安封鸡

1. 工艺流程

选料→宰杀→腌制→风干→成品。

2. 配方

原料：带毛鸡 1 千克。

辅料：精盐 120 克，草果 3 克，白胡椒 1.5 克，八角 3 克。

3. 技术要点

（1）选用符合卫生检验要求的健壮肥嫩的活鸡，作为加工的原料。

（2）活鸡经宰杀，放血，不煺毛，从后下腹部中间开一小口，取出内脏。

（3）全部辅料炒干，磨成粉，混拌均匀，再均匀地抹擦在鸡的腹腔、放血的开口及鸡嘴里，再将毛鸡腹部朝上，平放在器内腌制 2 小时左右。

（4）腌后的毛鸡用针线将刀口缝合起来挂在通风处，进行风干，待鸡体表面肌肉吹至略干即成。

4. 规格标准与产品特色

封鸡是我国云、贵、川等地的传统风味制品，以姚安封鸡最为有名。姚安封鸡是云南省姚安县地方传统风味名食，历史悠久，产品整鸡带毛，头爪齐全。羽毛丰满，个体肥大，味道鲜美，肉嫩可口，别有风味。制作简便，易于保存。姚安封鸡冬至前后制作，可保存 3 个月。食时，先用开水烫鸡，煺净鸡毛，洗净腔内之配料，再冲洗干净，蒸、煮、炖皆可。

（八）成都元宝鸡

1. 工艺流程

选料→宰杀→修整→腌制→整形→定型→风干→成品。

2. 配方

原料：全净膛光鸡 500 克。

辅料：精盐 35 克，花椒 7 克，胡椒粉 1.5 克，五香粉 1.5 克。

3. 技术要点

（1）选用符合卫生检验要求的健壮肥嫩的活母鸡，作为加工的原料。

（2）选好的活鸡经宰杀，放血，煺毛，去净头部和鸡体的绒毛，成白光鸡。

（3）白光鸡去足老皮和喙壳，剖腹，取出全部内脏，洗净血污，再在鸡背上开一个 6 厘米长的口。

（4）精盐和花椒一起炒热，冷后加胡椒粉、五香粉调匀，擦遍鸡体内外。腹腔、放血口和嘴内要多抹擦一些，然后平放于缸中腌制 72 小时，中间翻缸 1 次。

（5）腌好的鸡体出缸，洗去鸡体上辅料的渣滓，切去翅尖和脚爪，折断鸡腿拐骨，将双脚交叉用细绳扎紧，将麻绳从腹下开口处穿入，将双脚拉入腹内，再用麻绳由鸡鼻孔穿过把头掰弯，从背上开口处拉入腹内，与扎脚麻绳系在一起。双翅反扭向背上，用小棍棒将背上小口撑开，即成元宝状的鸡坯。

（6）做好的鸡坯放入沸水中浸烫，使鸡皮伸展定型。

（7）经过沸水烫的鸡坯放在阴凉干燥通风处风干，不能在太阳下暴晒，以免走油，一般挂晾一周左右即为成品。

4. 规格标准与产品特色

成都元宝鸡是四川省成都市传统的地方特产腊味品，历史悠久。其外形呈元宝形，造型美观，形体丰满，取其喜庆吉祥，故名元宝鸡。产品皮色黄亮，皮香肉嫩，色泽红润，鲜美可口，回味浓郁，馈赠佳品。

（九）上海生酱鸡

1. 工艺流程

选料→宰杀→修整→腌制→整形→定型→风干→成品。

2. 配方

原料：鲜鸡 50 千克。

辅料：食盐 3 千克，白糖 1 千克，五香粉 500 克，酱油 6 千克，硝酸钠 25 克。

3. 技术要点

（1）选择个体大小一致的肉鸡，宰杀后净膛、清洗。

（2）将食盐、五香粉、硝酸钠混合，均匀涂抹于鸡体内外，腌制 36 小时。

（3）腌制后肉鸡沥干，放入缸内，加酱油，上压石块，酱制 3 天，每天上下翻缸 1 次。

（4）余下酱油与白糖入锅烧沸，鸡坯入锅稍加浸烫后取出。

（5）将浸烫后的肉鸡悬挂在阳光下晒制 2～3 天，即为成品。

4. 产品特色

生酱鸡是上海地方特产腊味品，易于制作，产品富有特色，酱香浓郁，鲜美可口。

（十）河南腌鸡

1. 工艺流程

选料→宰杀→修整清洗→腌制→整形→挂晾风干→成品。

2. 配方

原料：活鸡 5 千克。

辅料：食盐 400 克，花椒 20 克，硝酸钠 1 克。

3. 技术要点

（1）选用符合卫生检验要求的肥壮活鸡，作为加工的原料。

（2）选好的活鸡经宰杀，放净血，煺净毛羽，清洗干净，成白光鸡。

（3）白光鸡放在案上，在右翅膀根上颈侧开一小口，取出嗉囊、气管、食管，再在腹部近肛门处开一小口，去掉内脏，冲洗干净。

（4）花椒和食盐下锅中，加热炒干，研碎，再与硝酸钠混合均匀，然后用混合辅料抹匀洗净的鸡体，重点涂抹口腔、刀口，再放入缸内，腌制5天，中间翻缸两次。

（5）腌好的鸡体出缸，进行晾挂，先将鸡两腿爪捆好，挂在阴凉通风处，最好是室内，进行风干，约经15天，即为成品。

4. 产品特色

河南腌鸡加工简便，色泽淡黄，咸淡适中，味美可口。食用时冲洗干净，再漂去盐分，蒸煮皆可。其味较风鸡、腊鸡差些，但仍不失为美味。

（十一）广州鸡肉肠

1. 工艺流程

选料→猪瘦肉切条切丁→猪肥膘肉切丁→鸡肉切丁→调料混合→灌制→晒制风干或烘烤干燥→成品。

2. 配方

原料：鸡肉20千克，猪瘦肉30千克，猪肥膘肉15千克。

辅料：精盐1.2千克，酱油2.5千克，白酒1千克，白糖5千克，硝酸钠3克。

3. 技术要点

（1）选用符合卫生检验要求的鸡肉和鲜猪肉，作为加工的原料。

（2）选好的猪瘦肉切成条块状，再绞成1厘米的方丁。猪肥膘肉切成1厘米的方丁，用100℃的热水烫一下，使肥膘丁明亮洁净，捞出，凉透。鸡肉切成1厘米的方丁。

（3）三种肉丁放在一起。全部辅料混合拌匀，倒入肉丁里，再搅拌均匀，成为馅料。

（4）肠衣用清水泡软，洗净。将馅料灌入肠衣中，每间隔21厘米卡为一节，利用肠衣本身扭转成结，并用针刺排气。

（5）灌好的肠体穿在竹竿上，挂在阳光下，晒干，或用炉火烘干。然后挂在阴凉干燥通风处，风干3～5天，即成，再剪成两根为一对的形状，即为成品。

4. 产品特色

鸡肉肠为广州特色产品，食用时需蒸或煮20分钟，鲜香甜美，营养丰富。

二、 鸭肉腌腊肉制品

（一）南京板鸭（图 6-3）

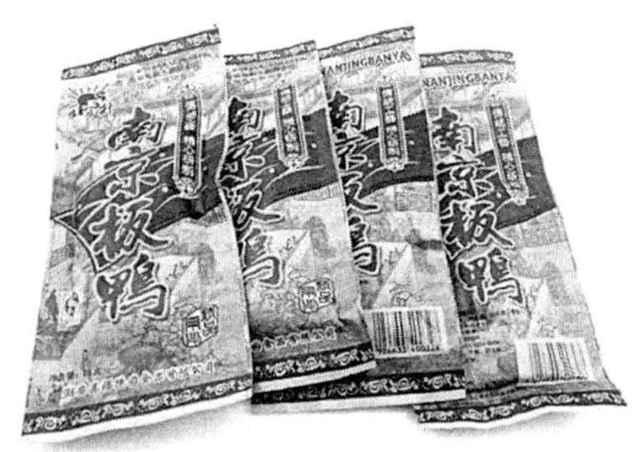

图 6-3　南京板鸭

1. 工艺流程

选鸭、催肥→宰杀、清洗→开膛、整理→腌鸭→抠卤→复卤→出缸、叠坯→排坯→成品。

2. 配方

原料：鲜光鸭 50 千克。

辅料：食盐 3～3.5 千克，八角 100 克。

卤液：泡洗光鸭的血水 50 千克，食盐 25～35 千克，姜片 250 克，小茴香 30 克，葱 50 克。

3. 技术要点

（1）腌制南京板鸭，要挑选体长、身宽、胸腿肉发达、两腋有“核桃肉”、体重 1.25 千克以上的活鸭为原料。活鸭在屠宰前要用稻谷饲养数周，进行催肥，使肥膘肉嫩，皮肤洁白。这种鸭的脂肪熔点高，在气温较高的情况下也不易滴油、发哈喇味。经过稻谷育肥的活鸭称稻膘肥鸭，制成的板鸭叫做白油板鸭，是板鸭中的上品。也有用米糠或玉米为主要饲料育肥的，但皮肤色泽、内在品质都比稻谷育肥的差。

（2）活鸭宰杀采用颈部宰杀或口腔宰杀法。经过浸烫、拔毛后，将光鸭在冷水缸内泡洗 3 次，以洗清血污，去净细毛，降低鸭子表面和体内温度，达到“四挺”的目的，使外形美观。所谓“四挺”，就是头与颈要挺，胸部要挺，右大腿要挺，左大腿要挺。

（3）开膛前，先将两翅两脚切除。切除位置，两翅在第 2 节关节处，两脚在股骨以上关节处。由翼下开膛，取出全部内脏。用水洗去体内残留的内脏薄膜和血污，再放在清水缸中浸泡 3 小时左右，除去体内剩余血污，使肌肉洁白，符合卫生和质量要求，然后，将鸭子取出，挂起，沥干水分。当沥下来的水点逐渐稀少，而且不带有轻微血色时，将鸭子背向上、腹朝下、头向里、尾朝外放在案桌上，用两只手掌放在鸭的胸骨部使劲向下压，将胸部前面的三叉骨压扁，使鸭体呈扁长方形。经过这样处理后的光鸭，体内全部漂洗干净，既不影响肉的鲜美品质，又不易腐败变质，对板鸭能长期保存有很大关系。

（4）将辅料中的食盐和八角放锅内，用火炒干，加工碾细。炒盐用量一般为 16∶1，一只 2 千克重的光鸭用盐 125 克。腌制时，先用 95 克盐从右翅下开口处装入腔内，将鸭放在桌上，反复翻动，使盐均匀布满腔体，其余的盐则用于体外，其中两条大腿、胸部两旁肌肉、颈部刀口和口腔内都要用盐腌透。在大腿上擦盐时，要将腿肌由下向上推，使肌肉受压，容易与盐接触。

（5）把擦好盐的鸭子一只一只叠放缸内，经过 12 小时左右，右手提起鸭子的右翅，用左手食指或中指插入肛门内，把腹内血卤放出来，这就称为抠卤。

（6）经过抠卤去血卤的鸭要进行复卤，也就是用卤水再腌制 1 次。复卤用的卤水有新卤和老卤两种，新卤就是用去除内脏后泡洗鸭体变成淡红色带血的水加盐配制而成。每 50 千克血水加盐 35～37.5 千克，放在锅内煮沸，使盐溶化成饱和溶液。用腌过鸭的新卤煮 2～3 次以上即称为老卤。老卤煮的次数越多越好。因鸭体经卤水浸泡后，一部分营养物质溶入卤中，每煮 1 次，浓度有所增加。盐卤要保持清洁，每腌 1 次后，要澄清，腌鸭 5～6 次后，必须煮 1 次卤，撇去浮面血污，防止变酸变臭。在热天此操作更为重要。复卤的方法是将卤水从翼下开口处倒入，将腔内灌满，然后将鸭依次浸入卤缸中，浸入数量不宜太多，否则，不易腌透、腌匀。可装 200 千克卤的缸，复卤 70 只鸭左右。复卤时间的长短应当根据复卤季节、鸭子大小以及消费者的口味来确定。盐卤浓度不得低于 22 波美度，如果不到 22 波美度，复卤后的鸭子不正常，有血腥味，成品容易变质。

（7）复卤时间达到规定标准后，将鸭体从卤缸中取出。出缸时要抠卤，即用前面讲的抠卤方法，把体腔内的卤水倒进卤缸中。把流尽卤水后的鸭子放在案板上，用手将鸭体压扁，然后依次叠入缸中。经过 2～4 天即可出缸排坯。

（8）把叠在缸中的鸭子取出，用清水洗净鸭身，挂在木挡板上，用手把嗉口（颈部）排开，胸部绷开排平，双腿理开，肛门处掏成圆形，再用清水冲去表面杂质，然后挂在太阳晒不到的通风处晾干。鸭子晾干后要再复排一次，并加盖印章，转到制品仓库保管。排坯的目的是使鸭体肥大好看，同时使鸭子内部通气。

（9）将经过排坯、盖印章的鸭子挂在仓库内。仓库四周要通风，不受风吹雨淋。架子中间安装木挡，木挡之间距离保持 50 厘米，木挡两边钉钉，两钉距离 15 厘米，将盖印章后的鸭子挂在钉上，每只钉可挂鸭坯两只，在鸭坯中间加上芦柴 1 根（约有中指粗细），从腰部隔开。吊挂时必须选择长短一致的鸭子挂在一起。这样经过 3～4 周后即为成品。如遇阴雨天回潮时，则延长些时间。

4. 产品特色

南京板鸭是江苏省南京市传统风味名特食品，产品特点是外形方正宽阔，体肥，肉质细嫩、紧密、味香，回味鲜香。腌制南京板鸭最好的加工季节是每年大雪到冬至，这一时期腌制的成品叫腊板鸭。从立春到清明也可腌制，腌制的成品叫春板鸭，保存时间较腊板鸭短。南京板鸭之所以能别具风味，处理腌制技术精良外还要注意烹调方法，才能成为色香味俱佳的菜肴。

（二）南京盐水鸭（图 6-4）

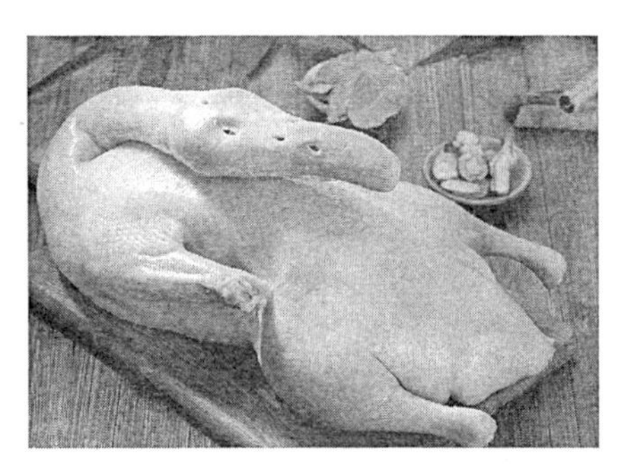

图 6-4　南京盐水鸭

1. 工艺流程

宰杀、清洗→腌制→烘干→成品。

2. 配方

原料：肥鸭一只（重约 2 千克）。

辅料：精盐 230 克，姜 50 克，葱 50 克，八角适量。

3. 技术要点

（1）选用当年成长的肥鸭。宰杀、拔毛后，切去鸭子翅膀的第二关节和脚爪，然后在右翅下开膛，取出全部内脏。用清水把鸭体内残留的破碎内脏和血污清洗干净，再在冷水里浸泡 30～60 分钟，以除净鸭体内的血。在鸭子的下颌中央处开一个小洞，用钩子钩起来晾挂，沥干水分。

（2）腌制方法与南京板鸭的腌制方法基本相同，但腌制的时间要短一些。如春冬季节，腌制 2～4 小时，抠卤（把腔中的血卤放出来）后复卤 4～5 小时；夏秋季节，腌制 2 小时左右抠卤，复卤 2～3 小时，就可以出缸挂起。鸭体经整理后，用钩子钩住颈部，再用开水浇烫，使肌肉和表皮绷紧，外形饱满，然后挂在风口处沥干水分。

（3）入炉烘干之前，用中指粗细、长 10 厘米左右的芦苇管或小竹管插入肛门，并在鸭肚内放入少许姜、葱、八角，然后放进烘炉内，用柴火（芦苇、松枝、豆荚等）烧烤。燃烧后，余火分拨两行，分布炉膛两边，使热量均匀。鸭坯经 20～25 分钟烘烤，周身干燥起壳即可。

4. 产品特色

盐水鸭是南京市的特产之一。加工制作季节不受限制，一年四季都可以加工。它的特点是腌制时间短，现做现卖。食之味鲜清淡而有咸味，肥而不腻，具有香酥嫩的特色。其烹饪方法同南京板鸭。

（三）南京琵琶鸭

1. 工艺流程

选料→原料修整→腌制→风干→成品。

2. 配方

原料：鲜光鸭 10 千克。

辅料：精盐 1.3 千克，小茴香 40 克。

3. 技术要点

（1）选用肥壮的活鸭，经宰杀，放净血，煺净毛羽，清洗干净，成白光鸭。

（2）用刀将鸭从胸脯处一剖两开，取出内脏，用清水浸泡洗净，沥去水分。再剔去胸骨，并将四周修割整齐，最后成琵琶状。

（3）粗盐和小茴香混匀，涂抹在鸭体内外，进行腌制。春秋季节腌制3小时，夏季腌制2小时，冬季腌制12小时。干腌后的鸭体放入卤水（水和精盐比为10∶1，煮开，晾凉）中，使鸭浸泡在卤水中，进行腌制。春、秋、冬三季，腌制12小时，夏季腌制6小时。

（4）腌好的鸭体用细绳拴住鸭脖子，挂在通风处，进行干制，风干即为成品。

4. 产品特色

南京琵琶鸭又名琵琶广鸭，已有60多年的历史。其皮色润黄，形如琵琶，肉质结实，味道咸鲜而香美。食用一般是用来煨汤，也可以蒸或煮。

（四）南安板鸭（图6-5）

图6-5 南安板鸭

1. 工艺流程

原料选择→宰杀、开膛→修整→腌制→造型、晾晒→包装→成品。

2. 配方

原料：大粒板鸭10千克。

辅料：精盐900克。

3. 技术要点

（1）制作南安板鸭选用大粒板鸭。该品种肉质细嫩、皮薄、毛孔小，是制作南安板鸭的最好原料。也可选用一般麻鸭。原料鸭饲养期为90～100天，体重1.25～1.75千克，然后以稻谷进行催肥28～30天，以鸭子头部全部换新毛为标准。宰杀、煺毛等同南京板鸭。

（2）外五件指两翅、两脚和一带舌的下颌。割外五件时，将鸭体仰卧，左手抓住下颌骨，右手持刀从口腔内割破两嘴角，右手用刀压住上

颌，左手将舌及下颌骨撕掉；用左手抓住左翅，右手持刀对准肘关节，割断内外韧带，前臂骨即可割下；再用左手抓住鸭的脚掌，用同样方法割去右翅和右脚。

（3）鸭体开膛，将其仰卧在操作台上，尾朝向操作者，稍向外倾斜。操作者双手将腹中线（俗称外线）压向左侧 0.8～1 厘米，左手手指和大拇指分别压在胸骨柄和剑状软骨处，右手持刀刃稍向内倾斜，由胸骨柄处下刀，沿外线向前推刀，破开皮肤及胸大肌（浅层肌肉），再将刀刃稍向外倾斜向前推刀斩断锁骨，剖开腹腔。左边胸骨、胸肉较多的称大边，右边胸骨、胸肉较少的称小边。然后将两侧关节劈开，便于造型。

（4）然后去内脏，在肺与气管连接处将气管拉断并抽出，再将心脏、肝脏取出。然后将直肠蓄粪前推距肛门 3 厘米处拉断直肠，手持断端将肠管等内脏拉出。最后用手指剥离肺与胸壁连接的薄膜，将肺摘除。取内脏时底板不能留有血迹、粪便，不能污染鸭体。

（5）修整时先割去睾丸或卵巢及残留内脏。将鸭皮肤朝下，尾朝前，放在操作台上。操作者右手持刀放在鸭的右侧肋骨上，刀刃前部紧贴胸椎，刀刃后部偏开胸椎 1 厘米左右，左手拍刀背，将肋骨折断。同时将与皮肤相连的肌肉割断，并推向两边肋骨下，使皮肤上部黏有瘦肉。用同样的方法斩断另一侧肋骨。两侧肋骨斩断，刀门呈八字形，俗称劈八字。劈八字使母鸭留最后两根肋骨，公鸭全部肋骨斩断，最后割去直肠断端、生殖器及肛门。割肛门时只割去 1/3，使肛门在造型时呈半圆形。

（6）腌制

① 盐的标准　将盐放入铁锅内用大火炒，炒至无水汽，凉后使用。早水鸭（立冬前的板鸭）每只用盐 150～200 克，晚水鸭（立冬后的板鸭）每只用盐 125 克左右。

② 搽盐　将待腌鸭放在搽盐板上，将鸭颈椎拉出 3～4 厘米，撒上盐再放回揉搓 5～10 次。再向头部刀口撒些盐，将头顶弯向胸腹腔，平放在盐上。将鸭皮肤朝上，两手抓盐在背部来回搽，搽至手有点发黏。

③ 装缸腌制　搽好盐后，将鸭头颈弯向胸腹，皮肤朝下，放在缸内，一只压住另一只的 2/3，呈螺旋式上升，使鸭体有一定的倾斜度，盐浓度高的水集中到尾部，便于将尾部等肌肉厚的部位腌透。腌制时间 8～12 小时。

（7）洗鸭、造型、晾晒

① 洗鸭　将腌制好的鸭子从缸中取出，先在40℃左右的温水中冲洗一下，以除去未溶解的结晶盐。然后将鸭放在40～50℃的温水中浸泡冲洗3次，浸泡时要不断翻动鸭子。同时，将残留内脏去掉，洗净污物，挤出尾脂腺。当僵硬的鸭体变软时即可造型。

② 造型　将鸭子放在长2米、宽0.63米吸水性强的木板上，先从倒数第四、第五颈椎处拧脱臼（旱水鸭不用）。然后将鸭皮肤朝上、尾部向前放在木板上，将鸭子左右两腿的股关节拧脱臼，并将股四头肌前推，使鸭体显得肌肉丰满，外形美观。最后将鸭子在板上铺开，四周皮肤拉平，头向右弯，使整个鸭子呈桃月形。

③ 晾晒　造型晾晒4～6小时后，板鸭形状已固定。在板鸭的大边上用细绳穿上，然后用竹竿挂起，放在晒架上日晒夜露。一般经过5～7天的晒露，小边肌肉呈玫瑰红色，明显可见5～7个较硬的颈椎骨，说明板鸭已干，可储藏包装。若遇天气不好，应及时送入烘房烘干。板鸭烘烤时应先将烘房温度调整至30℃，再将板鸭挂进烘房，烘房温度维持在50℃左右。烘2小时左右将板鸭从烘房中取出冷却，待皮肤出现乳白色时，再放入烘房内烘干直至符合要求时取出。

（8）传统包装是采用木桶和纸箱的大包装。现在是结合各种保存技术进行单个真空包装。

4. 规格标准与产品特色

南安板鸭是江西省大余、南康等地的传统名特食品。在20世纪初就行销我国港澳地区和东南亚，并一度远销南美、加拿大等地，成为国际市场上的腊味珍品。其造型美观，色泽洁白，骨软肉嫩，口味鲜美。底板色泽鲜艳，无霉变、无生虫、无盐霜，鸭身干爽，干度七八成。颈椎显露5～7个骨节，肌肉呈棕红色，肋骨呈白色，大腿肌肉丰满坚实。气味纯正，腊味香浓，咸淡适中，有板鸭固有的风味。

（五）建瓯板鸭（图6-6）

1. 工艺流程

宰杀→腌制→成品。

2. 配方

原料：土料鸭一只（1千克）。

辅料：食盐80克。

图 6-6　建瓯板鸭

3. 技术要点

(1) 采用颈部宰杀法，放血，去毛，在胸部正中开膛，切开臀部尾，把鸭体扒开摊平。

(2) 将鸭体洗净，挂起沥干，然后腌制。先用盐将鸭体内外擦遍，腿部和肩脚多擦一些。腌制 9 小时左右，取出鸭坯，用长约 18 厘米的竹片分别撑开两翅及胸膛，再用一根 43 厘米长的软竹片沿胸膛边缘弯着撑，并将两肩扒平。将撑开的鸭体吊挂起来晾晒，晴天时晒半天后晾干。如果连续阴雨，可挂在烘房内烘烤，先烘底面，以免面上起皱。加工期以 10～15 天为最好，时间过短，肉不结实，缺乏香味；过长，干硬不嫩，味道欠佳。

在传统加工中，操作人员在建瓯板鸭成品的尾部留大毛十几根，以增加鸭体美观。

4. 产品特色

福建省建瓯板鸭生产历史悠久，在清朝已享有盛名。每年从重阳至春节期间为加工建瓯板鸭季节，适宜温度为平均 15℃以下。产品色淡黄，肉质厚，丰腴干燥，鲜嫩不腻。

(六) 巴县板鸭

1. 工艺流程

选料→宰杀→修整→腌制→风干→熏烤→成品。

2. 配方

原料：活鸭一只（重约 2 千克）。

辅料：八角 1 克，陈皮 1 克，小茴香 0.5 克，桂皮 0.5 克，丁香 3～5 粒，鲜姜 4 克，黄酒 100 克，食盐 75 克（鸭体腌制）、370 克（制卤汤每

1000 克水用盐量）。

3. 技术要点

（1）选用符合卫生检验要求的肥壮活鸭，作为加工的原料。

（2）选好的活鸭经宰杀，放净血，煺净毛羽，再清洗干净，成白光鸭。

（3）白光鸭放在案上，剖开腹部，取出内脏，再放入清水里进行泡洗，清洗干净，沥去水分。净鸭放在案上，再剁去双脚和双翅。用食盐擦遍鸭体，擦均匀。

（4）锅置火上，加水、食盐、八角、陈皮、鲜姜、小茴香、桂皮、丁香、黄酒等烧开，即为卤汤。再将腌好的鸭体放入卤汤中，上面压以重物，使鸭体浸泡在卤液中，浸泡 4 天左右。

（5）浸泡好的鸭体捞出，沥去汁液，再用细绳拴住鸭头，挂在通风处吹干。

（6）风干好的鸭体送入熏炉中，用谷壳烟火熏烤 30 分钟，即为成品。

4. 规格标准与产品特色

巴县板鸭，冬季产品，地方名优，带骨带皮，无脚无翅，体形完整，白色微黄，鲜香味浓，风味独特。

（七）宁波腊鸭（图 6-7）

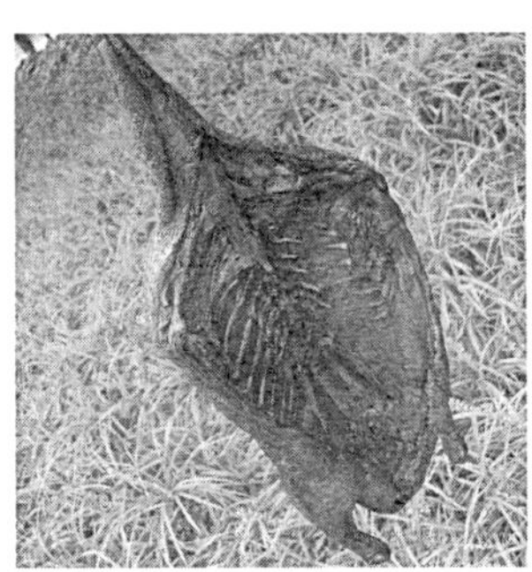

图 6-7　宁波腊鸭

1. 工艺流程

选料→宰杀→修整→浸泡→风干→成品。

2. 配方

原料：活鸭 1 只（重约 2 千克）。

辅料：食盐 100 克，葡萄糖 25 克。

3. 技术要点

（1）选用符合卫生检验要求的健壮肥嫩的成年活鸭，作为加工原料。

（2）活鸭经宰杀，放血，煺毛，开膛，去内脏，成白条鸭。

（3）白条鸭控尽血污，冲洗干净，晾干。

（4）食盐和葡萄糖拌匀，擦遍鸭体内外，并在鸭头处用刀尖戳一小洞，再把鸭坯浸入卤缸内，浸泡 3 天，中间将鸭翻转 1 次。取出，洗净。

（5）洗净的鸭体再用沸水浸泡后捞出，沥干，再经日晒或风干，一般需 7 天左右，炎热天 2～3 天即可。

4. 产品特色

宁波腊鸭是浙江省宁波地区传统特产，历史悠久。宁波腊鸭体形与板鸭相似。产品色泽红润，鲜嫩可口，风味独特，酒饭皆宜。在食用时，把鸭清洗干净，将葱、酒、八角等放入鸭肚内，上屉蒸 1 小时即可。

（八）广西腊鸭（图 6-8）

图 6-8 广西腊鸭

1. 工艺流程

原料选择和整理→配料和腌制→整形、日晒和定型→挂晒→成品。

2. 配方

原料：仔鸭 1 只。

辅料：食盐 150～200 克。

3. 技术要点

（1）用本地麻鸭，北京鸭也可用。选 2～3 月龄仔鸭，体重 0.7～0.9 千克，主翼羽长齐，臀宽，腰圆，肌肉发达。

常规宰杀，脱羽。去翅、脚爪，沿腹中线左侧 0.5 厘米处，从颈至肛门开膛，清除全部内脏。断肋骨，在离脊背骨 1～1.5 厘米处下刀断肋，左边留最后一根肋骨，称软边。右边留最后两根肋骨，称硬边。不损伤皮肤。

（2）每只鸭用食盐150～200克，均匀擦于鸭坯各部，肉厚部多擦。平叠入腌缸中，腌12～24小时。

（3）腌好的鸭坯用水洗去表面盐分，即可整形。扭断两腿骨，一手固定鸭体，一手握紧，紧贴鸭身向前、向上、向背扭转1/3圆周，至有折断声出现为止，于竹箔上压紧腿下沿，拉开胸腹壁向两边伸开，把颈向右转，再把头弯向左边，变成蝴蝶形。晒5小时后体硬即定为蝴蝶形。再翻晒4～5小时，即可挂晒。

（4）从胸骨前端硬边穿绳，挂于草坪上日晒夜露5～7天，收回置50～60℃烘房中，逐渐降温，每小时降1～2℃，经12小时降至30℃，出烘房，置干燥通风处2～3天即为成品。

4. 规格标准与产品特色

广西腊鸭，又称广西板鸭，主产于南平、桂平等县。形似蝴蝶。成品质量要求为蝴蝶形，皮肤洁白，无斑点、褶皱，肉面鲜红质嫩，骨细软，咸淡适中，味甘美。达到上述规格后，按质量分级：一级，0.8千克以上；二级，0.6～0.8千克；三级，0.45～0.6千克。出口要二级以上。

（九）广州鸭肉肠

1. 工艺流程

原料选择→切块整理→配料和腌制→晒制或烘烤干燥→成品。

2. 配方

原料：鸭肉15千克，猪瘦肉30千克，猪肥膘肉15千克。

辅料：食盐1千克，酱油2千克，白酒1千克，白糖5千克，亚硝酸钠3克。

3. 技术要点

（1）选用符合卫生检验要求的鲜猪肉和鸭肉，作为加工的原料。

（2）选好的猪瘦肉切成条块，再绞成1厘米的方块。猪肥膘肉切成1厘米的方块，用100℃的热水烫一下，捞出，晾凉。鸭肉切成1厘米的方丁。

（3）三种肉丁放在一起。全部辅料放到一起拌均匀，倒在肉丁里，再搅拌均匀，即成馅料。

（4）猪肠衣用清水泡软，洗净，将馅料灌入肠衣里，每21厘米卡为1节，用肠衣本身扭转成结，或用线绳扎成节。并用针刺排气。

(5) 灌好的肠体穿在竹竿上，挂在阳光下晒干，或用火炉烘干。最后，挂在干燥阴凉通风处，风干3～5天，剪成两根为一对的形状，即为成品。

4. 产品特色

鸭肉肠为广州特产，吃时需蒸或煮熟，熟后放冷食用，鲜美香甜，别有风味。

(十) 南宁腊鸭饼

1. 工艺流程

选料→整理→腌制→晾制→成品。

2. 配方

原料：光鸭5千克。

辅料：精盐100克，酱油200克，白糖60克，姜汁5克，五香粉20克，硝酸钠1克。

3. 技术要点

(1) 选用每只2千克重的肥嫩活鸭，经宰杀、放血、煺毛，清洗干净，制成光鸭。

(2) 光鸭除去内脏，剁去鸭翼、鸭脚、鸭嘴，再用刀将整只鸭骨剔除。

(3) 剔去骨的鸭体加酱油、精盐、白糖、硝酸钠、姜汁和五香粉，混拌均匀，腌制6小时，每隔3小时翻拌一次，使鸭肉入味。

(4) 腌好的鸭体铺在竹筛上晾晒3天，至鸭体干透，即为成品。

4. 产品特色

南宁腊鸭饼是广西南宁市传统风味名食，始出于广西桂平县城西隆盛腊味店。成品色泽鲜明，皮色金黄，鸭肉鲜红，皮甘肉香。

(十一) 南京鸭肫干 (图6-9)

1. 工艺流程

选料→修整→腌制→清洗→晾晒→整形→成品。

2. 配方

原料：鸭肫50只。

辅料：食盐160～170克。

3. 技术要点

(1) 选用符合卫生要求、整齐肥大的鲜鸭肫，作为加工的原料。

图 6-9　南京鸭肫干

（2）选好的鸭肫，从右面的中间用刀斜向剖开半边，刮去肫里的一层黄皮和余留食物。修整好的鸭肫，用清水洗净内外，抹去污液。用少许食盐轻轻擦洗，去净酸臭异味。

（3）洗净的鸭肫放入缸内，加食盐腌制，经 12～14 小时，即可腌透。

（4）腌透的鸭肫，自缸内取出。再用清水洗去附在其上的污物及盐中溶解下来的杂质。

（5）洗好的鸭肫用细麻绳穿起来，10 只一串，挂在日光下晒干。一般需 3～4 天，晒至七成干，取下。

（6）七成干的鸭肫放在桌上，右手掌后部放肫上，用力压扁，搓揉 2～3次，使肫的两块较高的肌肉成扁形即成。

4. 产品特色

南京鸭肫干是江苏省南京市著名传统产品，历史悠久，至今已有 100 多年历史。南京鸭肫干又称“南京鸭肫”“南京咸鸭肫”，是南京板鸭的副产品，畅销国内外。产品黑而发亮，味道鲜美，营养丰富，佐酒美食。食用时，先洗净，浸泡回软，再下锅煮 1 小时左右，凉后即可切片食用。

（十二）芜湖腊味鸭肫

1. 工艺流程

选料→修整→腌制→漂洗→整形→成品。

2. 配方

原料：鸭肫 5 千克。

辅料：食盐 150 克，酱油 350 克，白酒 50 克，白糖 300 克，硝酸钠 2.5 克。

3. 技术要点

（1）选用符合卫生检验要求的整齐肥大鲜鸭肫，作为加工的原料。

（2）选好的鲜鸭肫沿进食孔中间剖开，除去内容物，刮去黄皮和肫外附着的油皮。再用少量食盐进行抹擦、搓揉，清水漂洗，直至无污物、无异味，沥水。

（3）用部分精盐将鸭肫逐个擦抹，放入容器中腌制1天，取出沥去卤水，再放入另外容器中，加入辅料，拌匀，腌制2天，期间翻缸几次，起卤。

（4）腌好的鸭肫再用清水漂洗，去净杂质和污物，沥干水分。

（5）沥好水分的鸭肫，每10只穿成一串，晒至七成干，取下，整形。将鸭肫平放在案板上，用右手掌后部用力压搓2～3次，使鸭肫两片凸起的肌肉压平即可。

4. 产品特色

芜湖腊味鸭肫是安徽省芜湖市传统名产，历史悠久，已有100多年的历史。芜湖腊味鸭肫在江南一带颇负盛名。一年四季均可加工，以小雪后加工的尤佳。产品整齐，色泽黑亮，滋味鲜美，脆而耐嚼，越嚼越香，佐酒佳肴。

（十三）凤眼润

1. 工艺流程

选料→清洗、修整→上料腌制→晒制→瓤肥肉→晒制或烘烤干燥→成品。

2. 配方

原料：鸭肝10千克，猪后腿肥肉适量。

辅料：白糖60克，食盐20克，酱油30克，红油30克，曲酒25克，姜汁5克。

3. 技术要点

（1）选用符合卫生检验要求的鲜鸭肝和新鲜猪后腿的肥肉部分，作为加工的原料。

（2）选好的鸭肝洗净，再用小绳从肝部位逐个穿好。猪肥肉切成条。

（3）穿好的鸭肝加白糖、食盐、酱油、红油、曲酒、姜汁，搅拌均匀，腌制3小时。

（4）腌好的鸭肝取出，逐个穿在竹竿上，挂在阳光下晒制五成干。

（5）晒好的鸭肝瓤入猪肥肉条，再放在阳光下，或放入烘房中进行干制，至九成干时，即为成品。

4. 产品特色

风眼润是广西南宁著名的传统风味腊制品，至今已有 100 多年的生产历史。产品肝为黑色，油润光亮，肥肉淡白，肝味甘香，肥肉爽脆，营养丰富，香醇可口，是佐酒佳肴。

三、 鹅及其他禽肉腌腊肉制品

（一）板鹅（图 6-10）

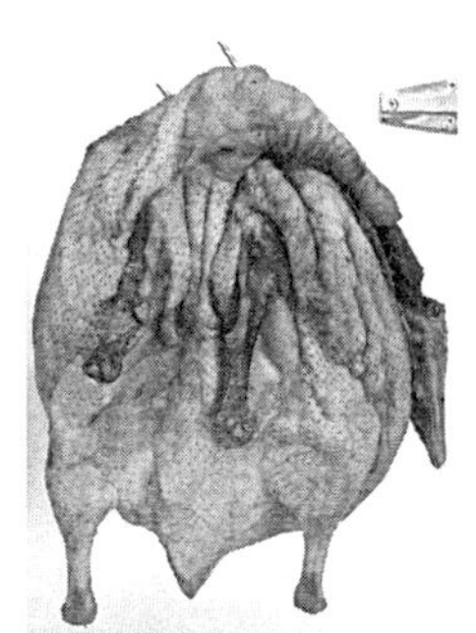

图 6-10　板鹅

1. 工艺流程

烫毛→搽盐腌制→干燥→造型和系绳→成品。

2. 配方

原料：屠宰后净膛鹅 50 千克。

辅料：食盐 2.6～3 千克。

3. 技术要点

（1）屠宰后烫毛，最佳烫毛温度为仔鹅 85℃，老鹅 90℃。在烫鹅毛时要不断搅动鹅体，使鹅体的羽毛翻卷，让热水尽快渗到毛根部，以便煺毛。

（2）搽盐所用的食盐要经过炒干冷却后待用。每只板鹅搽盐量根据季节而作适当调整，冬季可以适当减少盐的用量。搽盐后，腌制可采用干腌法和湿腌法。湿腌法可使鹅皮肤的色泽基本一致，并且每只鹅的各个部位也无差别，且风味更佳。具体方法是：将搽好盐的鹅胴体，重叠 2/3 成排旋转放置，干腌 8 小时，倒出污盐水和污血水，加入盐卤水浸腌 24 小时。

（3）板鹅的干燥有自然晾干法和人工干燥法。自然晾干法受自然气候条件的影响大，并且干燥的时间比较长，一般需要十多天，生产的季节性

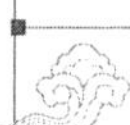

强，只宜冬季加工。如果采用人工干燥法，则可克服以上缺点。将板鹅整形之后，在室内用鼓风通风设备吹风4小时进行定型，成品含水量不得超过25%。

（4）板鹅的开膛造型，一般是腹部开膛。造型呈桃月形，皮肤绷紧。鹅体大，肌肉厚，脂肪多。考虑到板鹅比较重，为了方便携带、运输、销售，在大边前1/3处和后1/3处钻双孔系绳，再结合塑料袋包装和硬纸盒外包装，就形成了方便美观的形状。

4. 产品特色

板鹅为四川等地区特色腌腊制品，产品外形美观，成品香味浓郁，色泽红白分明，肉质细嫩、紧密，风味别致。

（二）中式鹅火腿

1. 工艺流程

选料→鹅腿整形→干腌→湿腌→晾干→整形→发酵→整理→调制或包装→成品。

2. 配方

原料：鹅腿50千克。

辅料：

（1）干腌配方：食盐3千克，八角粉250克，小茴香粉40克，桂皮粉30克，肉豆蔻粉30克，硝酸钠15克。

（2）湿腌配方：清水50升，食盐7～7.5千克，八角30克，老姜100克，葱100克，硝酸钠10克，小茴香10克，桂皮60克，草果10克，丁香20克，山柰30克。加热煮沸后，小火熬30分钟，冷却后即为卤液备用。

3. 技术要点

（1）制作中式鹅火腿的原料一般是饲养期比较长、体重比较大、大腿肉发达的鹅或生产鹅肥肝的鹅。

（2）鹅宰杀放血后，分割切取两侧鹅腿，从股骨下去掉鹅胫骨、腓骨及趾蹼，初步整形成柳叶状，并修割整齐。

（3）干腌法：将香辛料与食盐放入锅中，炒至干燥，与硝酸钠混合，均匀涂抹鹅腿，叠入腌缸中腌制14小时左右。第二次涂抹盐108克，亚硝酸钠0.4克，腌制8小时左右。

（4）湿腌法：食盐加入血水中溶解，加入其他辅料，熬出香味，冷却。把干腌后的鹅腿放入腌制液中，盖上竹盖，腌制10～12小时；也可以直接浸入冷却的腌制液中腌制。

腌过鹅腿的卤液可以反复使用，每次用后煮沸，除去血沫，并补足辅料，成为老卤。

（5）腌制后的鹅腿用清水洗净，挂在阴凉通风处晾干，风干时间为3～4天。

（6）在风干过程中整形，每天整形一次。修齐边皮，并揉搓使腿肉面饱满呈柳叶状，以使鹅火腿形状美观。

（7）风干整形后，转入发酵室，悬挂在木架上，保持距离，以便通风，经2～3周的发酵成熟，即为成品，可下架堆放。

（8）发酵好的产品，取出整理修饰，然后包装即为成品。

4. 产品特色

中式鹅火腿是用鹅的大腿作为原料制作的腌腊制品。按本方法加工的鹅火腿一年四季均可生产，但最宜在冬季制作加工。产品特点是皮白肉红，肉质紧密，腊香浓郁，滋味醇香可口，余味绵长。

（三）浓香鹅火腿

1. 工艺流程

选料→鹅腿整形→擦盐→复卤→浸泡洗腿→洗晒与整形→成品。

2. 配方

原料：鹅腿100千克。

辅料：

（1）干腌配料：食盐6千克，八角10克。

（2）湿腌配料：清水100千克，食盐50千克，姜100克，八角50克，葱200克。

3. 技术要点

（1）选用饲养期比较长、体重比较大、大腿肉发达的鹅或生产鹅肥肝的鹅的大腿作原料。将宰杀净膛的鹅体，按常规分割方法取下两腿，去掉鹅蹼，初整成柳叶形，去掉腿部多余脂肪，洗净血污待腌。

（2）辅料配制

① 干腌料：将盐和八角放在锅中用火炒干，加工碾细后备用。

② 湿腌料：将水和盐放入锅内煮沸，使食盐溶解，并撇去血沫与油污，澄清后倒入缸内冷却，然后再加入打扁的老姜、八角、葱，使盐卤产生香味。

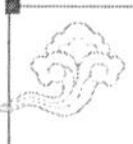

（3）将干腌辅料擦在鹅腿上，放缸内码腌 8～10 小时。

（4）将擦腌好的鹅腿放入预先配制好的盐卤中，压上竹盖，防止鹅腿上浮，使鹅腿全部浸在盐卤中，腌 8～10 小时。

（5）将腌好的鹅腿取出，放入清水中浸泡，使肉中过多的盐分浸出，同时使肉质回软，有利于整形和除去表面污物。浸泡时间随温度和鹅腿含盐量而定。如果水温为 10℃，浸泡时间约为 1 小时。鹅腿在浸泡过程中，肌肉颜色发暗，说明肉中含盐量较少，浸泡时间要适当缩短；如果肌肉色泽发白，说明肉中含盐量较高，浸泡时间要适当延长。浸泡以后，要用刷子刷洗鹅腿，洗去表面污物。洗净后取出，沥去水分。

（6）将洗净的鹅腿挂在阴凉通风的地方晾晒，在晾晒的过程中每天整形一次，连续整形 2～3 次。整形主要是削平股关节，剪齐边皮，挤揉肉面使鹅腿肉面饱满，形成似柳叶状的火腿。经 3～4 天的风干，转入发酵室，吊挂在木架上保持距离，以便通风，控制室内温度和湿度，经 2～3 周发酵成熟即可下架堆放，即为成品。

4. 产品特色

鹅火腿属于腌腊制品，加工季节宜在农历七月至十月和一月至二月底。成品香味浓郁，色泽红白分明，肉质细嫩、紧密，外形美观。

（四）腊封鹅

1. 工艺流程

选料→腌制→晾晒→烘烤→成品。

2. 配方

原料：白条鹅 10 千克。

辅料：食盐 400 克，白糖 600 克，豉油 400 克，干酱 200 克，汾酒 200 克。

3. 技术要点

（1）选用 5～6 千克重的肥嫩肉鹅，宰杀去毛，取出内脏，切去脚、翼，将胸部开边使鹅体成为平面块状，清洗干净，控净水分。

（2）将各种辅料（干酱不放）搅拌均匀，将控净水分的鹅体放在辅料中腌制一夜后取出。

（3）鹅体放疏眼席上摊开，在阳光下晒至五成干后，用干酱涂均匀鹅体，用纱布封包后放在阳光下暴晒。

（4）夜间放入烘房烘烤，经 5 天后即为成品。但需要 14 天后味道才能变得可口。

4. 产品特色

味道甘酥而香甜。

（五）广州腊鹅

1. 工艺流程

选料→腌制→晾晒→成品。

2. 配方

原料：白条鹅 100 千克。

辅料：精盐 6 千克。

3. 技术要点

（1）选用肥大的毛鹅，经过十余天的糟肥饲养，使鹅肥大肉厚。宰杀后拔净羽毛，除去内脏后净膛、清洗。

（2）用稀释的盐水清洗干净后放在容器中腌制 1～2 天，取出放清水中浸透（使盐量减少），用粗竹席将鹅体压平。

（3）将压平后的鹅体放阳光下暴晒，晚上送入烘房，用微火烘烤一夜后，第二天再晒，4 天后即为成品。

4. 产品特色

广州腊鹅具有典型的地方特色，季节性制作，产品香味浓郁，色泽红白分明，肉质细嫩、紧密，外形美观。

（六）腊鹌鹑（图 6-11）

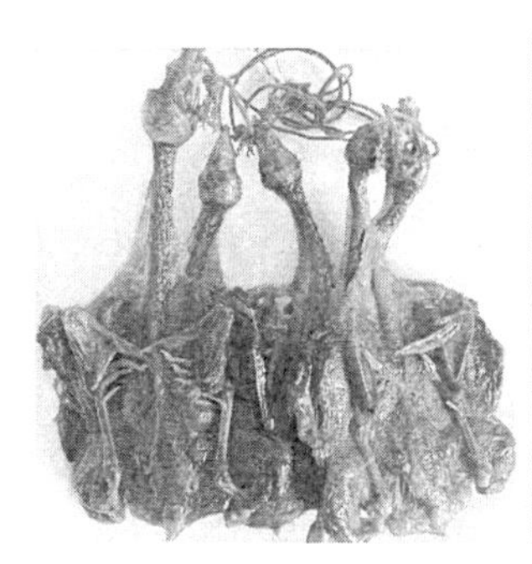

图 6-11　腊鹌鹑

1. 工艺流程

宰杀→配料→腌制→烘制→成品。

2. 配方

原料：光鹌鹑坯 50 千克。

辅料：精盐 3 千克。

3. 技术要点

（1）活鹌鹑经宰杀、放血、去毛后，从尾部开一小口，挤出内脏，用水冲洗干净。

（2）用精盐均匀地涂抹于光鹌鹑坯内外，置于干净容器内腌制 1 小时，中间翻缸 1 次。

（3）将腌好的鹌鹑取出，置于清水中浸泡 2 小时左右，捞出沥净水分，用手掌自其背部用力向下压成扁平状，然后置于 45℃烘房（或烘箱）内烘一夜，再晒 3 天即成。如阳光强烈，可不需烘制，直接在太阳下晒干即可。

4. 产品特色

腊鹌鹑的生产以湖南、广东、江西等省为最多。这些腊鹌鹑属于高档名贵食品，营养丰富，多作滋补品用。

（七）风鹌鹑

1. 工艺流程

选料→腌制→风干发酵→成品。

2. 配方

原料：鹌鹑 50 千克。

辅料：精盐 5 千克。

3. 技术要点

（1）将鹌鹑宰杀，去毛洗净，除去内脏。

（2）整理好的鹌鹑用盐水腌制 1 天，然后用清水浸透，冲洗干净，以减轻盐咸味。

（3）腌制好的鹌鹑用木板压平，置于强烈阳光下晒制 1～2 天后置于通风阴凉处风干，即为成品。

4. 产品特色

鹌鹑富有营养，经腊制后，其味甘香，可作为滋养身体的补品。此品全年均可制作，但多以秋冬两季制作的味道最佳。

第七章　草食家畜及水产腌腊肉制品加工

一、 腌腊牛肉制品

(一) 牛干巴(图 7-1)

图 7-1　牛干巴

1. 工艺流程

选料→修整→腌制→烘烤→冷却→包装保藏→成品。

2. 配方

原料：鲜牛肉 100 千克。

辅料：食盐 4～6 千克，白糖 1 千克，硝酸钠 40 克，辣椒粉 50 克，花椒粉 50 克，五香粉 100 克。

3. 技术要点

(1) 选择新鲜健康的优质肉牛肉。以肌肉丰满、腱膜较少的大块牛肉为宜。

(2) 将牛肉切分成长方形肉块，每块重 500～800 克，去掉骨骼和腱膜等结缔组织。

(3) 采用干腌方法腌制。加入牛肉块及全部辅料，混合均匀，逐块涂抹，反复揉搓，直到肉表面湿润，然后置于腌制容器中，在表面再敷一些腌制剂，密封容器，腌制 7～15 天。

(4) 将腌好的牛肉块置于不锈钢网盘中或吊挂于烘烤推车上，然后推进烘箱或烘房烘烤，温度为 45～60℃，烘烤 24～38 小时，即为牛干巴成品。

(5) 牛干巴的成品率一般为 55%～60%。牛干巴冷却后可用真空包装，于 10～15℃可长期保存。

4. 产品特色

牛干巴是云南、贵州、四川和重庆等地著名的特产，主要产于滇东北、黔东南、川西北和重庆黔江地区，其中，云南寻甸牛干巴和贵州普安的牛干巴最为有名。牛干巴成品肉质紧密，色彩红亮，香气四溢，味道鲜美，外形整齐，易于保藏。

（二）腊香牛肉（图 7-2）

图 7-2 腊香牛肉

1. 工艺流程

原料选择及预处理→腌制→发酵→烘烤→成品。

2. 配方

原料：鲜牛肉 100 千克。

辅料：食盐 4 千克，白糖 3.5 千克，味精 0.1 千克，黄酒 2 千克，亚硝酸钠 5 克，抗坏血酸钠 25 克，硝酸钠 25 克，砂仁 50 克，肉豆蔻 0.1 千克，草果 0.15 千克，姜 0.5 千克，葱 0.2 千克，八角 0.2 千克，花椒 0.3 千克，胡椒 0.3 千克，小茴香 0.1 千克，桂皮 50 克，蜂蜜 20 克。

3. 技术要点

（1）选择符合卫生标准的新鲜牛肉，以后腿肉为佳。将瘦牛肉剔除脂肪油膜、肌腱、血块及碎骨等，清洗干净后在操作台上根据肉块形状，用刀切成 Z 形，长约 14 厘米、宽约 20 厘米，沥去水后备用。

（2）采用先干腌后浸腌的混合腌制法。首先称取原料量 3%的盐在炒锅中焙炒至无水蒸气，色泽微黄，冷却后与亚硝酸钠、硝酸钠、抗坏血酸钠混合，混合均匀后擦在牛肉表面，整齐摆放于腌缸中压实，腌制 8～9 小时，保持温度为 8～10℃。腌制过程中上下翻动 2～3 次。

按配料称取适当比例香辛料，于盛有清水的夹层锅中加热至沸，加水

量与肉重之比为1∶1，用微火熬制30～40分钟。将熬制好的腌制液用双层纱布过滤到腌制缸中，再将剩余盐、味精、糖等加入搅拌均匀，冷却后加入黄酒搅匀后备用。将干腌后的牛肉浸没到腌制液中继续腌制12小时，保持温度8～10℃。

（3）将腌牛肉表面沥干，于55℃±1℃烘箱中烘5～6小时，使牛肉含水量降至55%～60%。

（4）将20克蜂蜜与50克黄酒调匀刷在腌制好的牛肉坯表面，晾干后置于烘箱中，逐渐升温至150℃烤制20分钟，待温度降至100℃左右将腊牛肉取出。

（5）将烤制好的腊牛肉趁热装入铝箔包装袋，防止肉汁或油污沾在袋口上而影响密封性。装袋时按每袋500克分袋，然后真空封口，真空度为0.08兆帕。

4. 产品特色

腊香牛肉肉身干爽，肌肉呈酱红色。肉味鲜美，咸甜适宜，腊香味浓郁并具有淡淡的五香味，蒸熟食用较佳。也可采用高温高压杀菌制作为方便即食食品，温度121℃，杀菌时间15～20分钟，采用90兆帕反压冷却，冷却至40℃出锅。

（三）风牛肉（图7-3）

图7-3　风牛肉

1. 工艺流程

原料选择及预处理→腌制→风干→烘烤→成品。

2. 配方

原料：鲜牛肉100千克。

辅料：食盐4千克，白糖3.5千克，亚硝酸钠5克，抗坏血酸钠25克，姜0.5千克，葱0.2千克，五香粉100克。

3. 技术要点

(1) 将精选的牛肉剔去筋膜，片刀为大长条。

(2) 盐、葱、姜、糖等混合搅拌溶解，与肉条拌和均匀腌制12小时。

(3) 将腌制完毕的牛肉条挂晒在铁架子上，放在通风地方，根据地区和季节空气干燥程度不同，正常风干约十天，重量约为风干前的40%即可。

(4) 将肉条挂入烤箱，炭火烘烤约3小时，晾凉后切条即为成品。

(四) 保宁干牛肉

1. 工艺流程

原料选择→整理切块→加料腌制→挂晾风干→成品。

2. 配方

原料：鲜牛肉5千克。

辅料：食盐200克，花椒20克，硝酸钠2.5克，百草霜适量。

3. 技术要点

(1) 选用符合卫生要求、成色好的鲜牛肉肌腱和净瘦肉为加工原料。

(2) 选好的牛肉，剔净其表层的肌膜，再切成400～500克重的块。

(3) 牛肉块加食盐、花椒、硝酸钠，拌匀，反复搓揉，待辅料渗透到牛肉里，装入缸中压紧，肉汁漫过肉料，按照季节变化，定期或不定期翻缸数次，使之腌好。

(4) 腌好的牛肉块，再用百草霜上色，待透后，捞出，晾干，即为成品。

4. 产品特色

保宁干牛肉又名“清真保宁干牛肉”“王板登干牛肉”，俗名“张飞牛肉”。产品一般多采用蒸食，用温水冲洗干净，上屉蒸20～30分钟，取出，切片，即可食用。亦可切片后，加少量熟菜油、辣椒面、花椒面和葱丝拌食。清真保宁干牛肉可存放于通风、干燥、卫生干净的地方，冬季可存放30天，其他季节不宜久放。

(五) 手撕牛肉 (图7-4)

1. 工艺流程

原料预处理→拌料→腌制→风干→整形包装→灭菌→冷却及贮藏。

2. 配方

原料：牛腿肉100千克。

图 7-4　手撕牛肉

辅料：盐 2 千克、葡萄糖 300 克、白酒 1 千克、五香粉 100 克、白砂糖 2 千克、亚硝酸钠 5 克、D-异抗坏血酸钠 100 克。

3. 技术要点

（1）将牛腿肉切制成 5 厘米左右粗细的条状。

（2）将辅料与牛肉拌和均匀，0～4℃下腌制 24 小时。

（3）腌制完毕的牛肉挂晾在风干架上，8～12℃低温风干至脱水 50%。

（4）风干后的牛肉切制成段后单根独立真空包装。

（5）入蒸汽杀菌锅灭菌处理。

（6）产品快速冷却后常温贮藏。

（六）广州牛肝肠

1. 工艺流程

原料选择→切块→肥丁处理→拌料制馅→灌装→晒制或烘烤干燥→成品。

2. 配方

原料：牛肝 10 千克，牛肉 20 千克，猪肥膘肉 20 千克。

辅料：食盐 1.5 千克，酱油 2 千克，白酒 1 千克，白糖 5 千克，亚硝酸钠 3 克。

3. 技术要点

（1）选用符合卫生检验要求的鲜牛肉、牛肝和猪肥膘肉，作为加工的原料。

（2）选好的牛肉剔净筋膜和脂肪，修割干净，切成条状块，再绞成 1 厘米的方块。猪肥膘肉切成 1 厘米的方丁，再用 100℃的热水烫一下，捞出，晾凉，倒入牛肉块里。牛肝也切成 1 厘米的方丁，也倒入牛肉块里。

（3）全部辅料放在一起，混合均匀，倒入肉块里，再搅拌均匀，即成馅料。

（4）猪肠衣用水泡软，洗净，灌入馅料，每间隔 21 厘米卡为 1 节，用肠本身扭转成结，并用针刺排气，即成。

（5）灌好的肠体穿在竹竿上，阳光下晒干，或挂入烤炉里烘干。最后挂在阴凉干燥通风处，风干 3～5 天，剪成两条为 1 对的形状，即为成品。

4. 产品特色

牛肝肠为广州特产，吃时需蒸或煮 20 分钟左右。滋味香甜，鲜美适口，营养丰富。

（七）广州牛肉肠

1. 工艺流程

原料选择→切块→上盐绞制→微冻处理→拌料制馅→灌装→烘烤→挂晾风干→成品。

2. 配方

原料：牛肉 35 千克，猪肥膘肉 15 千克。

辅料：精盐 1.5 千克，酱油 2.5 千克，白酒 100 克，白糖 4.5 千克，亚硝酸钠 3 克。

3. 技术要点

（1）选用符合卫生检验要求的鲜牛肉和鲜猪肉，作为加工的原料。

（2）选好的牛肉剔去筋膜和脂肪，修制干净，再切成条块，撒上 3% 的盐，再绞成 1 厘米的方丁，送入 −5～−7℃ 的冷库或冰箱中，腌 24 小时。猪肥膘肉切成条块，撒上 3% 的盐，送入 −5～−7℃ 的冷库或冰箱中，腌 24 小时。腌好的牛肉丁再绞成 0.2 厘米的肉糜。腌好的猪肥膘肉切成 0.5 厘米的小肉丁。

（3）两种肉料放在一起。全部辅料放到一起，混拌均匀，倒在肉料里，搅拌均匀，即成为馅料。

（4）肠衣用清水泡软，洗净，灌入馅料，每间隔 18 厘米卡为 1 节，并针刺排气。

（5）灌好的肠体穿在竹竿上，挂入烤炉里烘烤，炉温要控制在 70℃ 左右，烘烤 2～3 小时，烤至肠体表皮干燥时，出炉，原竹竿挂在干燥阴凉通风处，风干 3～5 天，待肠体干硬即为成品。

(八) 牛肉香肠

1. 工艺流程

原料选择→整理、切丁→拌料制馅→灌装→烘烤干燥→成品。

2. 配方

原料：牛后腿肉 35 千克，猪肥膘肉 15 千克。

辅料：食盐 1.5 千克，白酒 500 克，白酱油 1.5 千克，白糖 1～1.5 千克，硝酸钠 25 克，肠衣适量。

3. 技术要点

（1）选用符合卫生检验要求的鲜牛后腿肉和鲜猪肥膘肉，作为加工的原料。

（2）选好的牛肉剔去筋腱、油脂，切成 1 厘米见方的丁。猪肥膘肉也切成 1 厘米见方的丁。

（3）牛肉丁和猪肥膘丁加盐和硝酸钠，搅拌均匀，揉搓 5 分钟左右，使其充分混合，10 分钟后，白糖用水化开加入白酒中混均匀，加入肉丁中，再加其余辅料，充分混拌均匀，即成馅料。

（4）馅料灌入猪肠衣中，每隔 20 厘米卡为一节，直至灌完。

（5）灌好的肠体放入温水中，进行漂洗，洗去肠体表面上的油污，再针刺排出空气和水分。

（6）洗净的肠体送入烘炉，进行烘干，温度在 50～55℃之间，连续烘 8 小时，再晾 1 夜，第二天再日晒 1 天，晚上再入炉烘 4 小时即成。

4. 产品特色

牛肉香肠又名“牛肉肠”，产品略干不硬，肉质细嫩，瘦肉红黑，肥肉洁白，味美爽口，微酸带甜，别有风味。

二、 腌腊羊肉制品

(一) 开封腊羊肉

1. 工艺流程

选料→腌制→风干→成品。

2. 配方

原料：羊肉 10 千克。

辅料：酱油 200 克，白糖 200 克，丁香 5 克，绍兴酒 100 克，花椒 15

克，精盐 300 克，硝酸钠 2.6 克。

3. 技术要点

（1）选用符合卫生要求的羊的鲜硬肋肉，切成长 30 厘米、宽 5 厘米的长条。

（2）精盐放入锅内炒干，与硝酸钠和花椒混匀，撒在羊肉条上，搓揉均匀，置于瓷盆中腌制 2 天，再加酱油、绍兴酒、白糖、丁香腌制 7 天。中间倒两次，使之腌透。

（3）腌好的羊肉条挂在通风干燥处晾干即为成品。

4. 规格标准与产品特色

开封腊羊肉是河南开封市食品公司“马豫兴”鸡鸭店于 1972 年在酱卤制品的基础上创制的清真风味食品。色泽鲜明，切面完整，肉质坚实，微有弹性，具有广式腊肉风味。

（二）陕西腊羊肉（图 7-5）

图 7-5 陕西腊羊肉

1. 工艺流程

原料肉的处理→原料肉的腌制→熬煮熟制→成品。

2. 配方

原料：羊肉胴体 5～7 只。

辅料：食盐 7.5 千克，小茴香 250 克，八角茴香 31 克，草果 16 克，花椒 93 克，老汤适量，红色素 14～15 克。

3. 技术要点

（1）经检验适于食用的羊肉，剔去颈骨，抽出板筋，砍断脊骨成五段，便于下缸时折叠。同时用尖刀将肉划开，呈一道道的刀缝，使盐易于渗入。再将腿骨、肋骨条一并砍断，在煮肉时易于出油和去骨髓，为进一步去全部骨头做好准备。如果是冷冻羊肉，则须先行解冻才能剔骨。

（2）进行下缸腌制时，冬季每缸 7 只羊肉胴体，夏季每缸 4～5 只羊肉胴体。冬季每缸下盐 7.5 千克，注入清水时缸应放置在温暖的室内，且每天都应翻动腌肉 3 次，以免温度过低使肉缸冻结，延长腌制时间。夏天腌制要选择凉爽干净的场所，室内要保持适当的低温，而且勤翻勤倒缸内的腌料，以防变质。在适宜的气候条件下，冬季腌制 7 天，夏、秋季节 1～2 天，取出挂晾后为生制半成品。食用时需进一步熟制，成品也多为熟制品出售。

从腌肉缸捞出的羊肉滴净盐水后，用毛刷蘸取沸水溶化过的红色素涂满肉表面，使肉呈红色，再将肉面折叠后下入煮肉锅内。折叠后入锅煮是为了防止掉色，肉在煮熟后，出锅羊肉色泽鲜艳美观。

（3）每锅以煮 6 只羊肉计算，用小茴香 250 克，八角茴香 31 克，草果 16 克，花椒 93 克。上述调料用纱布包好，放入老汤（即多次煮肉的原汁汤）中煮沸腾后即可将腌好的羊肉下锅。如果没有老汤，就需配制煮肉汤，其方法是把剔下的羊骨和上述调料用双倍量，在锅内煮 24 小时后，羊骨打捞出锅，加盐量冬季按每锅 2.5 千克、夏季按 3 千克加入锅内，然后再把羊肉下锅。

4. 规格标准与产品特色

陕西省西安市老童家腊肉是我国的社会名产，已有 200 多年的历史，颇受消费者欢迎。熟制后的腊羊肉色泽鲜艳、味美适中，没有膻腥味，且可存放较长的时间。

（三）风羊腿（图 7-6）

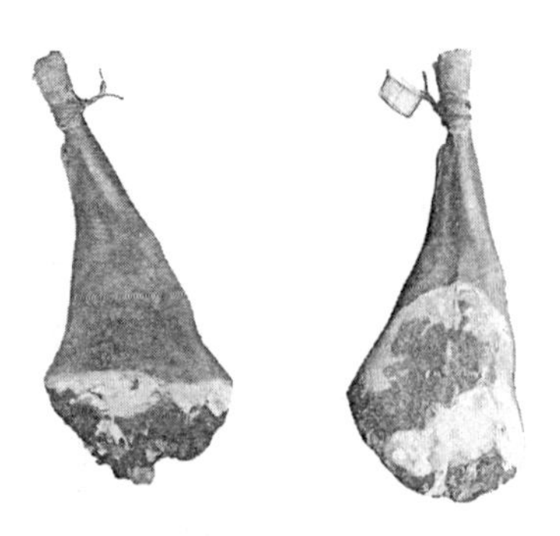

图 7-6　风羊腿（羊肉火腿）

1. 工艺流程

选料→修理→腌制→风干→成品。

2. 配方

原料：成年羊后腿肉 5 千克。

辅料：精盐 250 克，花椒 7.5 克，八角 7.5 克，桂皮 5 克，生姜 50 克。

3. 技术要点

（1）选用符合卫生检验要求的新鲜成年羊后腿肉，作为加工的原料。

（2）选好的羊后腿肉修割整齐。

（3）整理好的羊后腿肉放在案上，精盐炒干撒在羊腿肉上，再用竹针在腿肉上扎孔，进行揉搓，使盐浸入肉内。揉搓好的羊腿肉放入缸内，撒上花椒，腌制 14 天，中间翻缸两次。14 天后，再熬煮一些盐水放凉，加入姜片、八角、桂皮，倒入缸内，再腌 7 天，上面压以重物，压紧、腌透。

（4）腌透的羊腿肉出缸，挂在阴凉通风的棚下进行风干，即为成品。

4. 产品特色

风羊腿又名“羊肉火腿”，河南开封等地均有加工，是清真肉制品中的佳品，食用前配制清汤煮制，汤沸后，改用小火煮制 2 小时，至肉熟即好。产品肉质细嫩，色鲜味美，回味久长，适口不腻，别有风味。

（四）羊肉腊肠（图 7-7）

图 7-7 羊肉腊肠

1. 工艺流程

选料→修整→绞制→配料、拌料→腌制→灌装→结扎→烘烤、熏制→成品。

2. 配方

原料：羊肉 100 千克。

辅料：食盐 1.5～2.0 千克，白砂糖 0.25～2.0 千克，混合香料（胡椒、花椒、桂皮和肉豆蔻等）0.25～0.5 千克，亚硝酸钠 10 克。

3. 技术要点

（1）将割除筋膜、肌腱和淋巴腺的鲜羊肉（或加入 20%～30%的猪肉，肥瘦比 1∶1）用绞磨机或利刀绞（切）成 1 厘米见方的肉粒。

（2）按比例加入辅料，快速拌匀。将拌和好的肉馅于 4～10℃下腌制 2～24 小时。

（3）用猪肠衣或羊肠衣将羊肉灌装后，用粗线将香肠结扎成 10 厘米长的小段。

（4）将香肠吊挂在烟熏房内，用硬质木材或木屑作燃料，室温保持 65～70℃，烟熏 10～12 小时，以香肠中心温度达 50～65℃为宜。最后根据产品品质标准，对产品进行严格检验后包装。

(五) 广州羊肉肠

1. 工艺流程

选料→修割整理→切丁→调料混合→灌装→晒制或挂晾风干→成品。

2. 配方

原料：羊肉 35 千克，猪肥膘肉 15 千克。

辅料：精盐 1.5 千克，酱油 2.5 千克，白酒 10 千克，白糖 5 千克。

3. 技术要点

（1）选用符合卫生检验要求的鲜猪肉和鲜羊肉，作为加工的原料

（2）选好的羊肉剔去筋膜和脂肪，修割干净，再绞成 1 厘米的方块。猪肥膘肉切成 1 厘米的方丁。

（3）两种肉丁放在一起。全部辅料放在一起，混拌均匀，再倒入肉丁里，搅拌均匀，即成馅料。

（4）肠衣用清水泡软，洗净，灌入馅料，每间隔 21 厘米卡为 1 节，用肠衣本身扭转成结，并针刺排气。

（5）灌好的肠体穿在竹竿上，阳光下晒干，或送入烤炉中，烘烤的炉温要保持在 70℃左右，烘烤 2 小时，见肠体表皮干燥时，即可出炉。原竹竿挂在干燥阴凉通风处，风干 3～5 天，待肠坚硬，即为成品。

4. 产品特色

广州羊肉肠为地方特产。食用时需要蒸或煮 15～20 分钟。鲜美可口，别有风味。

(六) 河南羊肉香肠

1. 工艺流程

选料→切条→上料腌制→灌装→挂晾风干→成品。

2. 配方

原料：羊肉 50 千克，羊肠衣适量。

辅料：羊油 1 千克，食盐 1.5 千克，白糖 1 千克，绍兴酒 100 克，姜汁 50 克，花椒 50 克，小磨香油 500 克。

3. 技术要点

(1) 选用符合卫生检验要求的肥嫩鲜羊肉，作为加工的原料。

(2) 选好的羊肉切成 1 厘米宽、3 厘米长的长条。

(3) 食盐化成盐水，加入绍兴酒、羊油、白糖、姜汁。小磨香油放入锅中，加热，下入花椒，炸成花椒油，捞去花椒，将油倒入盐水中，再放入羊肉条，搅拌均匀，即成馅料。

(4) 将馅料灌入肠衣中，每隔 15 厘米扎为一节。如此，将羊肉灌完。

(5) 灌好的肠体，挂在干燥通风处，晾干，即为成品。

4. 产品特色

羊肉香肠是河南著名的清真食品，地道北方风味，兼有麻辣香气，风味独特，别具一格，干燥完整，富有弹性，鲜香味美，清爽利口。

三、 腌腊兔肉制品

(一) 卤味腊兔

1. 工艺流程

选料→预处理→腌制→预煮→晾挂→刷蜜、上油→烘烤→包装→储存→成品。

2. 配方

原料：鲜兔肉 100 千克，猪肥膘肉适量。

辅料：姜 500 克，八角 160 克，桂皮 300 克，小茴香 260 克，丁香 30 克，白酒 3 千克，白糖 2 千克，精盐 2 千克，硝酸钠 20 克，蜜适量，植物油适量。

3. 技术要点

(1) 选择符合卫生标准的膘肥肉嫩的活兔，常规宰杀、去皮、剖腹去内脏，清洗。用整个兔肉胴体作为加工原料。

（2）通过腌制，食盐和硝酸钠渗透扩散到肉块，有利于盐溶性蛋白的析出，增加产品风味，提高了制品黏结性和出品率。腌制剂配比为2%盐、2%糖、0.02%硝酸钠，时间以24小时为宜。

（3）进行短时间煮制以消除兔肉膻味。煮制时加入一定香辛料并放少许猪肥膘肉可除去兔肉的异味，其口感清香。煮制时先大火稍煮，再用小火煮制。

（4）传统工艺都是将兔肉挂通风干燥处自然晾晒，待其表面稍干后再刷蜜，这样有很多不足。其一，受自然条件影响大；其二，生产周期长。因此用烘烤干燥法取而代之。在烘炉里面先用热风烘烤，温度定为60～65℃，时间40分钟。待制品的水分含量达到要求后再进行下道工序。这样大大缩短了产品加工周期，有利于实现规模化生产。

（5）为了使制品具有更好的色香味，对产品做了一些刷蜜、上油处理。刷蜜可以增加风味，使制品呈枣红色。上油使成品表面有光泽，外焦里嫩。油包水形成一层保护膜，内部水分不易散失。

（6）将制品置于88℃烟熏炉中用糖熏30分钟，冷却后即为成品。冷却后的产品真空包装后于2～4℃冷库中储存。

4. 产品特色

卤味腊兔是以新鲜整个兔肉胴体为原料，集传统酱卤制品与腌腊制品的工艺特点为一体，经腌制、去膻、烘烤等过程制成的色香味俱佳的一种高档肉制品。

（二）腊兔肉

1. 工艺流程

选料→腌制→复腌→晾晒→成品。

2. 配方

原料：兔肉10千克。

辅料：粗盐400克，酒200克，白糖500克，生抽400克，硝酸钠5克。

3. 技术要点

（1）选用肥大肉厚的大兔，宰洗干净，除去内脏，从腹剖开，取出脊骨、胸骨、腿脚骨。然后平铺于案上，使其成为平面块状，再用小竹竿撑开，以防接叠。

（2）先用粗盐和硝酸钠将大兔全身擦遍，经腌制一夜后，再用清水洗净，以减轻盐碱度。

(3) 腌制好的大兔清洗晾干水分后，再用余下辅料与兔肉一起搅拌均匀，腌制 40～45 分钟。

(4) 复腌好的兔肉放在竹筛中，置于阳光下连续日晒 5～6 天即为成品。

4. 规格标准与产品特色

腊兔肉是广州市著名的腊制品，多在秋冬季制作，此时兔子肥大肉厚，经腊制后，其味清甜，有滋阴补身之功效。

(三) 广州腊兔

1. 工艺流程

原料整理→腌制→烘制→成品。

2. 配方

原料：兔 25 千克。

辅料：精盐 1 千克，酒 500 克，酱油 0.25 千克，硝酸钠 5 克，白糖 1.5 千克。

3. 技术要点

(1) 将兔剥皮并除去内脏。先用刀从兔后肢肘关节处平行挑开，然后剥皮到尾根部，再用手紧握兔皮的腹部处用力向下拽至前腿处剥下。此时应注意防止拽破腿肌和撕裂胸腹肌。割去四肢的肘关节以下部分，剔去脊骨、胸骨及腿脚骨。用两根交叉成十字的小竹竿撑开胸腔，使之成扁平状。

(2) 将经过整理的兔放入混匀的辅料中，用手将辅料均匀地涂擦于兔的表面和内腔，背面朝下、胸面向上，一层压一层平铺于缸内，腌制 50 分钟，中间翻缸一次。

(3) 取出后白天可在太阳下暴晒，晚上放入烘房内 (50℃) 进行烘制，连续 3 天，待制品表面略干硬并呈赭色时即成。

4. 产品特色

腊兔多在秋冬季节制作。成品为原只兔，无皮、无内脏、无大骨，表面干硬，呈赭色。食之味甜甘香，有滋阴补肾之功效，一般多作滋补品用。

(四) 缠丝兔 (图 7-8)

1. 工艺流程

选料→腌制→整形→风干→成品。

图 7-8　缠丝兔

2. 配方

原料：鲜兔肉 10 千克。

辅料：精盐 600 克，白糖 100 克，白酒 50 克，花椒 20 克，桂皮 40 克，味精 10 克，甜酱 50 克，芝麻 200 克，豆油 150 克，硝酸钠 5 克。

3. 技术要点

（1）选择符合卫生标准、体重为 1.5～2.5 千克膘肥肉嫩的活兔，按常规宰杀、去皮，剖腹去内脏，清洗。

（2）将食盐炒热与酒、硝酸钠、白糖、花椒混合均匀，涂抹兔体内外及嘴内，腌制 3～4 天，每天翻倒一次。

（3）腌好后的兔体用其余辅料均匀涂抹，将前腿塞入前胸，腹部拉紧，后腿拉直，然后用麻绳从颈部开始至后腿，每隔 2～3 厘米缠绕一圈，使之呈螺旋形。

（4）将整形好的兔体悬挂在干燥通风处干燥 6～7 天，即为成品。

4. 产品特色

缠丝兔是四川著名传统特产，其中以成都、广汉的缠丝兔最为驰名，成为南方独特风味的兔肉加工食品。产品油润光亮，肉香浓郁，鲜嫩味美，色泽均匀。

（五）传统兔肉腊肠

1. 工艺流程

选料切丁→灌制、结肠→洗涤→晾晒、烘焙→包装检验。

2. 配方

原料：兔肉 40 千克，猪背膘肥肉 10 千克。

辅料：精盐 1.5 千克，白糖 750 克，曲香酒 500 克，辣椒粉 100 克，花椒粉 150 克，胡椒粉 50 克，红油豆 500 克。

3. 技术要点

（1）将选好的去尽骨骼和腱膜的兔肉，以及猪背膘肥肉，用机械或人工切成四角分明、大小均匀的肉粒，温水漂洗，除去肉表面杂质和油腻，滤去水分。

（2）把辅料拌入肉粒中，加入少许清水，根据季节，气温不同，水分略有增减，搅拌均匀即可。灌制时如选择干肠衣，先用30～35℃温水灌制肠衣，再排尽水，然后用充填机（手工操作的用漏斗）灌制。

（3）灌制后，用针尖在肠体上下均匀刺孔，使肠内多余的水分和空气排出以利于香肠迅速干燥。

（4）将灌制好的香肠每隔一定长度拴草或索绳，结紧肠体。

（5）肠衣经过灌制、针刺、拴扎后，肠体表面会附着一些油脂。洗涤就是把肠体上附着的油脂洗干净。用40～45℃温水洗干净肠体，再以清水冲洗降温，以防止孔闭塞，影响肠体内水分蒸发。

（6）将洗涤后的香肠挂在竹竿上，放在阳光充足的地方晾晒3～4小时，使水分初步蒸发，肠体表面收缩。自然风干法一般在15天左右，烘烤法是晾挂2～3天后约55℃烘烤24小时左右。

（六）腊兔（图7-9）

图7-9 腊兔

1. 工艺流程

选料→腌渍、清洗→晾晒、烘焙→包装、检验。

2. 配方

原料：兔肉50千克。

辅料：食盐、生抽各2千克，白糖2.5千克，50度白酒1千克，硝酸钠20克。

3. 技术要点

（1）将兔宰杀洗净，取出内脏，从腹部剖开，取出脊骨、胸骨、腿骨，平铺案上，成平面状。

（2）用盐将兔身擦抹腌渍，腌一夜后用清水冲洗，控干水。

（3）将辅料搅和均匀后，把兔放入，腌制1～2小时后取出，白天放在竹筛上摊开曝晒，晚上用火烘烤，4天左右后即可制成。

（七）天津兔肉腊肠

1. 工艺流程

选料→制馅→灌制→晒干或烤制→包装、检验。

2. 配方

原料：去皮去骨兔肉37.5千克，猪肥膘肉12.5千克。

辅料：酱油、白糖、白酒各1.5千克，亚硝酸钠3克。

3. 技术要点

（1）用绞肉机将兔肉绞成1厘米见方小块。用刀将猪肥膘肉切成1厘米见方的肉丁。将兔肉块和猪肉丁混合在一起。把酱油、白糖、白酒、亚硝酸钠混合，倒进肉块里，搅拌成肠馅。

（2）用温水把肠衣泡软，洗干净，用灌肠机或手工将肠馅灌进肠衣里，每间隔12厘米卡一节，用无毒耐温塑料带系扣儿，或用原肠衣扭转成结，阻止肠馅上下串通。将卡完节的香肠检查一遍，发现肠体内有气泡时，用针打孔，排放出气体。

（3）将香肠搭在竹竿上，阳光下晒干，或送进烤炉里烘干。若在烤炉内烤制，炉温在60～70℃之间，烤3小时左右，取出挂在阴凉通风处，风干3～5天，即为成品。

（八）兔丝兜

1. 工艺流程

屠宰→擦洗截肢→剥皮去尾→剖腹整理→腌制→风干发酵→斩块调味→装袋封口。

2. 配方

原料：净兔肉50千克。

辅料：食盐2.5～3.5千克，酱油1～1.5千克，料酒0.5～1千克，白砂糖500克，姜、葱各1千克，五香粉200克。

3. 技术要点

（1）选择膘肥体壮、体重2千克以上的肉兔，尤以3～4月龄仔兔为佳。

（2）将兔宰后充分放血，剥去兔皮，破腹开膛，取出内脏，除去淋巴结、浮脂和结缔组织网膜，擦净残血污物。

（3）用沸水溶解辅料，拌和均匀后冷却备用，把兔坯浸入腌液3～4天，每天上下翻动1次，适时出缸。

（4）把兔坯捞出晾干后，将其肋骨斩断，修净筋膜、浮脂及残留污物，再用细麻绳均匀地呈螺旋状绕兔体并缠成圆筒形，螺纹间距1.5～2厘米。

（5）将修整成型后的兔坯晾挂在通风阴凉处，自然风干或烘房脱水干燥后即为成品。

4. 产品特色

色泽光润棕红，表皮干燥酥脆，肉质紧密而富有弹性，体表面有明显的螺旋花纹，腹腔内无积水和霉变斑点，味香色美，咸甜适中。食用方法蒸煮兼用，切块食用时浇上香油、辣油等作料，味道更鲜美。

（九）腊香兔肉

1. 工艺流程

选料→整理→腌制→修割整形→干制→发酵腌制→包装、检验。

2. 配方

原料：净兔肉100千克。

辅料：食盐2.5千克，白砂糖1千克，黄酒500克，乙基麦芽酚6克，复合调味液4千克。

3. 技术要点

（1）选用健康活兔，宰前需经10～12小时断食，但必须供水，以便于宰杀时摘除内脏，减少兔体污染。

（2）用木棒将兔子击昏，然后将兔体倒挂于架上，用刀切开颈动脉，充分放血，时间不少于2分钟。

（3）放血后用湿毛巾擦净兔体，以防兔毛飞扬，污染兔体。在腕关节稍上方截断前肢，从跗关节截断后肢，截肢应整齐。

（4）从后肢跗关节处，在股内侧用尖刀平行挑开，剥至尾根，在第一尾椎处去掉尾巴。再用双手握紧兔皮的腹背部，向头部方向反转拉下，最

后抽出前肢，剪断眼、唇周围的结缔组织和软骨。

（5）从腹正中开腹，下刀缓慢，将内脏取出，修除兔体各部位的结缔组织、趾骨附近的腺体、生殖器官、胸腺、大血管等，用开水洗净的湿毛巾擦净各部位的残血和毛，然后用65%～75%食用酒精将兔体擦干净，尤其是口腔。

（6）按配方比例加入辅料，将辅料倒入整理好的兔肉中搅拌均匀，以平板状叠放在腌制缸中，上面用重物压实。腌制温度4℃，时间60小时，每隔10～12小时翻缸一次，共翻5次左右，以确保腌制均匀。

（7）腌制兔肉出缸后，放在不锈钢台面，将腹部朝下用力按平背部和腿，成平板状，再用竹条固定形状，悬挂在通风阴凉处自然风干，风干发酵时间7～10天，然后吊挂进行晾晒，在平均气温10～12℃晾晒3～4天，兔体呈现鲜亮的玫瑰色泽，散发出浓郁的腊香气味，则风干发酵成熟。

4. 产品特色

腊香兔肉属传统腌腊板兔产品类型，外观呈现鲜亮的玫瑰色泽，腊香浓郁。进一步的调制，可将其斩成块形，在卤汁中卤制1～1.5小时食用。

（十）红雪兔

1. 工艺流程

选料→配料→腌制→修割整形→干制→包装、检验。

2. 配方

原料：净兔肉100千克。

辅料：食盐5～6千克、花椒200克、料酒2～3千克、白砂糖2～3千克、白酱油3千克、混合香料粉100克。

3. 技术要点

（1）选择膘肥、健壮、体重2千克以上的活兔，越大越好。

（2）宰后剥皮，腹部开膛，除尽内脏和脚爪，将兔坯用竹片撑成平板状，修去浮脂和结缔组织网膜，擦净淤血。

（3）将食盐炒热，与其他辅料混合均匀。

（4）腌制处理

① 干腌法：将食盐炒热，与其他辅料混合均匀，涂抹在兔体和嘴内，叠放入缸，腌制1～2天，中间返缸一次，出缸后再将其余辅料均匀涂抹

在兔体内外。

② 湿腌法：将辅料用沸水煮 5 分钟，冷却后倒入腌渍缸内，以淹没兔坯为好。浸渍 2～4 天，每天上下翻动 1 次，适时起缸。

（5）兔坯出缸后，放于工作台上，腹部朝下，将前腿扭转到背部，按平背和腿，撑开成板形，再用竹条固定形状，并修剪筋膜、刮去浮脂等污物。

（6）将固定成型的腌制兔坯悬挂在通风阴凉处，自然风干，通常一周左右。阴雨潮湿天气，可在烘房烘干兔坯，即为成品。

4. 产品特色

红雪兔成品外观油润红亮，肌肉富有弹性，肉质紧密，鲜嫩味美，表皮干燥酥脆，腊香醇厚，咸甜适中，出品率为净兔重的 50%～55%，食用时煮、蒸均可，如再浇上少许麻油，则五味俱全。

（十一）腊兔肉卷

1. 工艺流程

选料→切割整理→腌制→成型→风干→包装、检验。

2. 配方

原料：净兔肉 75 千克，猪肥膘 25 千克。

辅料：食盐 5～7 千克，花椒 200～400 克，白砂糖 5～6 千克，五香粉 300～500 克，料酒 3～4 千克。

3. 技术要点

（1）猪肥膘切成薄片备用，兔肉按肌肉部位分割成大块料备用。擦去残留血污，剔去网状结缔组织及淋巴结。

（2）将兔肉和辅料拌和均匀后，按干腌法适时腌制 2～4 天，猪肥膘不腌。

（3）将腌制适当的兔肉坯料与薄片猪肥膘重叠后，卷成圆柱状，或叠成长方形，再用绳或薄膜固定其形状。

（4）将肉卷悬挂于通风良好处，在 7～12℃条件下风干发酵至半干，即为成品。

4. 产品特色

该产品具有浓郁的腊香风味，与肥肉组合又改善了单一兔肉制品口感干硬的不足，以冷藏条件下贮藏最佳，可直接以生鲜制品销售，也可熟制后作快餐方便肉销售。

（十二）玫瑰板兔

1. 工艺流程

屠宰整理→剥皮去尾→剖腹整理→腌制处理→修割整形→风干发酵→被膜处理→真空包装。

2. 配方

原料：兔肉 100 千克。

辅料：精盐 4 千克，白砂糖 1 千克，白酱油 1 千克，味精 100 克，鸡精 30 克，乙基麦芽酚 5 克，多聚磷酸钠 50 克，焦磷酸钠 20 克，香料水 3 千克。

3. 技术要点

（1）选用健康肉兔，宰前需经 10～12 小时断食，但必须供水。击昏后将兔体倒挂于架上，用刀切开颈动脉，充分放血，时间不少于 2 分钟。

（2）放血后用湿毛巾擦净兔体，以防兔毛飞扬，污染兔体。在腕关节稍上方截断前肢，从跗关节截断后肢，截肢应整齐。

（3）从后肢跗关节处，在股内侧用尖刀平行挑开，剥至尾根，在第一尾椎处去掉尾巴。再用双手握紧兔皮的腹背部，向头部方向反转拉下，最后抽出前肢，剪断眼、唇周围的结缔组织和软骨。

（4）从腹正中开腹，下刀缓慢，将内脏取出，修除兔体各部位的结缔组织、趾骨附近的腺体、生殖器官、胸腺、大血管等，用开水洗净的湿毛巾擦净各部位的残血和毛，然后用 65%～75%食用酒精将兔体擦干净，尤其是口腔。

（5）将整理好的兔肉，用混合的辅料充分搓擦均匀，平板状叠放入缸，上架竹片，用重石压紧进行腌制。腌制温度 2～6℃，时间 3 天。

（6）腌制兔坯出缸后，放在不锈钢台面上，撑开呈平板状，再用竹条固定形状，并修割筋膜、浮脂等污物。

（7）将固定成型兔坯悬挂在通风阴凉处，自然风干发酵 7～10 天，然后吊挂晾晒，在平均气温 10℃左右，晾晒 3～4 天，兔体呈鲜亮的玫瑰色泽，控制水分含量在 34.5%～34.8%，含盐 9.4%～9.6%，风干发酵成熟。

（8）为防止板兔的氧化和晾干的板兔失水，用防氧化剂和黏稠剂组成被膜材料，均质后成为被膜剂，将板兔浸渍在被膜剂中 30 秒，立即取出，风扇吹干成膜。

（9）板兔包装前，须将塑料袋、板兔用紫外线灭菌器进行表面灭菌 3

分钟，立即装袋，用真空封口机封口。

4. 产品特色

本产品形成鲜艳的玫瑰色泽，用低盐和复合型香辛料、调味料进行腌制，快速风干发酵，使产品具有肉质紧密、富有弹性、鲜嫩味美、咸淡适宜、腊香醇厚的风味。控制水分含量、食用被膜剂处理与真空包装技术联用，使产品达到良好保藏。

（十三）兔肉香肚

1. 工艺流程

肚皮制作→选料与整理→配料制馅→灌肚→扎口→日晒→发酵鲜化→涂油刷霉→叠缸包藏。

2. 配方

原料：净兔肉 75 千克，猪肥膘 25 千克。

辅料：食盐 5～5.5 千克，亚硝酸钠 10～15 克，白砂糖 1～1.5 千克，混合香料（五香粉、花椒粉、胡椒粉等）300～500 克。

3. 技术要点

（1）肚皮制作，在一定形状的肚皮模具上人工贴膜，然后挂于通风处晾干，当晾至肚皮透明变硬、形态完美、片头不明显、同模具黏合比较疏松时，即可脱模备用。

（2）选用符合国家卫生标准的新鲜兔肉和猪肥膘。猪肥膘切成 0.6 厘米×0.6 厘米×2.5 厘米左右的脂肪条。兔肉要剔骨，除去筋膜、肌腱、血污、淋巴等不适合加工和影响产品质量的部分，然后切成 0.8 厘米×0.8 厘米×3 厘米左右的瘦肉条。

（3）按配方要求准备好各种辅料，放入容器内，充分拌和均匀待用。亚硝酸钠的用量根据季节温度不同可稍作增减，冬季稍多，春季稍少。

（4）将准备好的兔肉和猪肥膘倒入拌和均匀的辅料中，搅拌均匀。然后根据不同气温静置 10～20 分钟，以使各种辅料充分溶解渗入到肉馅中，切勿放置太久。

（5）根据所要求制成香肚的大小，用台秤称量配好的肚馅，大香肚 200～250 克，小香肚 150～175 克，随后进行灌制。灌肚方法是两手中指和大拇指分别捏住肚皮的边缘，并外翻，将肚口张开，对着肉馅用两个食指把肚馅扒入肚皮内；灌满后，左手握住肚皮的上部，右手用针在肚皮上刺孔，以排除肚皮内空气；然后用右手在案板上揉搓香肚，使香肚肉馅紧

实呈苹果状。

（6）香肚扎口有别签扎扣法和绳结扎口法两种。采用绳结扎口，操作快而简便，易于晾挂。但绳结扎口法不易扎紧，最好先用竹签封口5～7针后，再用细绳打一活扣，套在香肚与别签之间，用力紧缩，香肚形状完整美观，然后抽出竹签，剩下的绳头可再扎另一香肚。

（7）将扎口后的香肚挂在阳光充足、通风良好的场所，晒2～4天，最适温度12～20℃，气温12℃时晒3～4天，20℃左右晒2～3天，直到肚皮透明、外表干燥、颜色鲜艳、扎口干透为止。在没有阳光的阴雨天，采用55～60℃温度烘烤12～24小时亦可。

（8）长时间发酵鲜化是香肚加工工艺的特点，也是形成香肚风味的关键工序。方法是：在阴凉通风干燥处长时间晾挂，具体方法是将晒好的香肚剪去扎口长头，将每10只串挂一起，移入通风干燥处，经40～50天发酵而成。

（9）将发酵鲜化好的香肚涂油刷霉。用干净消毒纱巾，先浸上精菜油在香肚表面涂擦，刷掉香肚表面的霉菌，然后将香肚逐只涂上一层麻油，起到防腐保鲜和改善风味的作用。

（10）香肚沾满麻油后，沥油片刻，逐只分层码入缸内进行保藏，一般可保藏半年以上。为便于销售，也可直接用纸盒包装，内套塑料袋。

（十四）腊兔肉

1. 工艺流程

屠宰整理→辅料调制→腌制处理→挂晾风吹→烘烤、烟熏→包装。

2. 配方

原料：肉兔5只。

辅料：食盐700克，白酒300克，酱油350克，混合香料（八角、小茴香、桂皮、花椒、胡椒）100克。

3. 技术要点

（1）选用健康肉兔，击昏放血宰杀，擦洗截肢后剥皮去尾及剖腹整理，清洗后沥干水分。

（2）将八角、小茴香、桂皮、花椒、胡椒烤干，碾细与盐一同炒热，炒出香味，加入白酒和酱油拌匀。

（3）用辅料将每只兔胴体擦遍，拌匀放入盆中腌制2～3天，翻动1次，再腌制2～3天，以腌透为准。

(4) 在兔头部前端扎一孔穿线，将兔吊挂在阴凉通风处控水，温度以3～4℃为宜。

(5) 取水柏锯屑、花生壳、核桃壳等做熏料，将兔平放竹栅上，熏料点燃后放在离兔30厘米左右的下方，周围用木板或铁板围起，兔上方盖厚挡板，烘烤熏制，浓烟要持久，不可泄出，每隔3小时翻动1次，兔两面都要熏到肉呈金黄色时为止。

(6) 将熏制后腊兔悬挂于干燥通风处，10天左右使其自然成熟，然后真空包装，保存期6个月以上。

(十五) 手撕兔肉

1. 工艺流程

原料预处理→切条→拌料→腌制→风干→整形→真空包装→灭菌熟化→冷却及贮藏。

2. 配方

原料：兔背脊肉10千克。

辅料：食盐200克、亚硝酸钠1.5克、复合磷酸盐15克、葡萄糖30克、白酒100克、D-异抗坏血酸钠10克、红曲红3克、油酥豆瓣100克、油酥豆豉10克、花椒粉10克、五香粉10克、白砂糖200克。

3. 技术要点

(1) 取兔背脊肉冷冻后改刀成1厘米左右粗细的条状。

(2) 兔肉加入盐、亚硝酸钠、复合磷酸盐及葡萄糖拌和均匀，再加入白酒和D-异抗坏血酸钠，0～4℃下腌制24小时以上，沥除血水，最后加入其余辅料混匀，0～4℃下再腌制12～24小时。

(3) 腌制完毕的兔肉均匀铺放在风干架上，低温风干至脱水50%。然后整形单根独立真空包装。

(4) 入杀菌锅高温灭菌，产品快速冷却后常温贮藏。

(十六) 兔肉香肠

1. 工艺流程

原料选择→分割切条→拌料腌制→灌装→挂晾风干→烘烤干燥→成品。

2. 配方

主料：兔肉5千克，肠衣适量。

辅料：精盐150克，白糖175克，曲香酒150克，味精15克。

3. 技术要点

（1）选用健康无病肥壮的活家兔，作为加工的原料。

（2）活兔经宰杀、放血、剥皮，剖腹去内脏，清洗干净，再去头、爪、尾，得兔的胴体。

（3）兔体经去骨，修净碎骨、黄色脂肪，再切成1厘米左右的肉粒。

（4）兔肉粒加入辅料，充分搅拌，拌匀。再放置腌一下，热天放置30分钟，冬天放置1.5小时。即成馅料。

（5）馅料灌入肠衣中，要粗细均匀，每12厘米为一节，扎好，并缚细麻绳，再针刺排气。

（6）灌好的肠坯，用温水清洗其表面，使之清爽。清洗好的肠坯，挂起晾干。

（7）晾干的肠坯，送入烘房，烘制，烘制干燥发硬，即为成品。

4. 产品特色

兔肉香肠，色泽光洁，味美可口，营养丰富。

四、腌腊水产制品

腌腊熏鱼见图7-10。

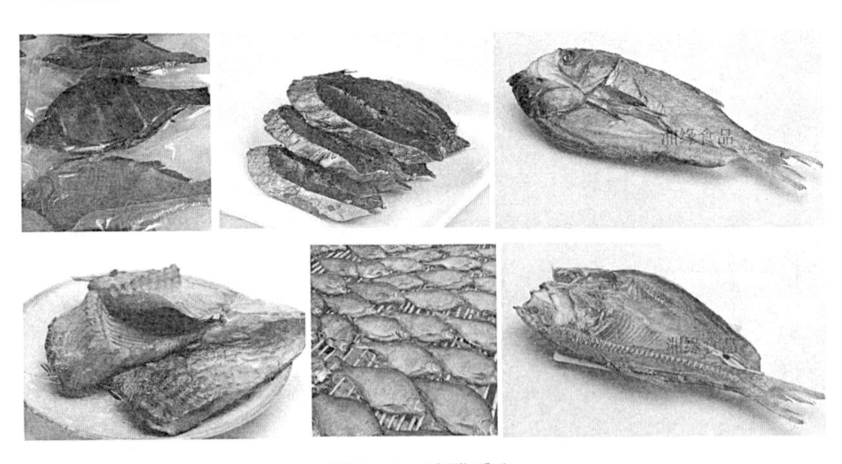

图7-10 腌腊熏鱼

（一）腌腊冷熏鲐鱼

1. 工艺流程

原料选择→冻料解冻→盐渍脱盐→调味浸渍→风干→第一次烟熏→罨

蒸→风干→罨蒸→第二次烟熏→风干→成品。

2. 配方

原料：鲐鱼 100 千克。

辅料：食盐 4 千克，砂糖 2 千克，味精 2 千克，调味料 400 克。

3. 技术要点

（1）冰鲜或冷冻鲐鱼均可，冻料用流水解冻至半解冻状态，去头，去内脏，分别处理呈片状或条状。

（2）冷熏品主要以长期保存为目的，食盐量含量较高，鱼肉中的水分需要脱去，多采用撒盐法进行盐渍，用盐量为原料重量的 12%～15%，盐渍可使鱼肉脱水、肉质紧密，盐渍温度以 5～10℃为宜。采用边排鱼边撒盐的方法，尽量使盐均匀撒布。盐渍后上面压上重石类的物品，使盐容易浸透，盐渍 5～10 天。

（3）盐渍后进行脱盐处理，一是除去鱼肉中多余的盐分，调整制品的咸味；二是除去鱼肉中容易腐败的可溶性物质。脱盐时间与原料鲜度、食盐的浸透度、水的温度有关。在条件允许的情况下，最好用流水脱盐，如果用静水脱盐，应不时轻轻翻动并换水。脱盐温度 5～10℃为宜。脱至盐分含量在 2%以下（烤后尝味，稍带咸味）。

（4）按脱盐原料重量的 50%用量，配制调味液，在 5～10℃温度下调味浸渍 3 小时以上。

（5）调味后的原料，沥干调味液，整齐平铺于网片上，先用 18～20℃冷风吹至表面干燥（约 30 分钟），然后 18℃烟熏 1～2 天。

（6）烟熏后鲐鱼反复风干、罨蒸 7～10 天至水分含量为 35%左右，风干、罨蒸的温度前三天用较低温度 18～20℃，中间两天 20～22℃，最后两天 23～24℃。

（7）整形及修片后用复合真空包装，可常温保存 3 个月左右。

（二）腌腊温熏鲐鱼

1. 工艺流程

原料选择→冻料解冻→前处理→调味浸渍→风干→烟熏→包装→成品。

2. 配方

原料：鲐鱼 100 千克。

辅料：酱油8千克，食盐2.5千克，砂糖1.5千克，味精500克，黄酒3千克，维生素C 50克，山梨酸钾100克，胡椒粉、月桂叶粉适量。

3. 技术要点

（1）冰鲜或冷冻鲐鱼均可，冻料自然解冻，在半解冻状态下去头、去内脏、剖片、去中骨，洗净。

（2）辅料溶解于50千克净水成调味液，将原料鱼片在调味液中浸渍2小时，调味液温度保持在5～10℃。

（3）鱼片沥干调味液后，整齐平铺于烘车上的网片上（鱼皮面贴网片），用40℃热风吹1小时，使表面干燥。

（4）开始用40℃温度熏1小时后，再升温至60℃熏1小时，最后升温至80～90℃熏30分钟，成品得率为32%（与原料重量比），制品的水分含量为50%～55%。

（5）冷却至室温后整形，用复合塑料袋真空包装，冷冻保藏。

（三）腌腊烟熏鲱鱼

1. 工艺流程

原料处理→盐渍→水洗→熏制→成品。

2. 配方

原料：鲱鱼100千克。

辅料：食盐7～8千克。

3. 技术要点

（1）以新鲜整条鲱鱼为原料，用手指揭开鳃盖，除去鳃和内脏，保留鱼籽和鱼精。

（2）可用干腌法或湿腌法腌制。干腌法是将食盐一层层撒在鲱鱼上，在桶内盐渍15～12小时。湿腌法是将食盐溶入水中调制为饱和盐水，浸渍鲱鱼12小时左右。

（3）盐制后鲱鱼用淡水或稀盐水洗涤，然后吊挂在木棒上，风干7～8小时。

（4）最初的烟熏温度为26℃左右，然后每隔1小时，温度调整到40℃左右、48～60℃、65～75℃、75～80℃、80℃、65℃、50℃，连续烟熏8小时。

（5）包装贮运：鲱鱼冷却后真空包装，产品需要冷藏贮运。

（四）腌腊温熏背开鲱鱼

1. 工艺流程

原料处理→盐渍→风干→烟熏→冷却→产品。

2. 配方

原料：鲱鱼 100 千克。

辅料：食盐适量。

3. 技术要点

（1）以新鲜鲱鱼为原料，去头，从尾部起背开，洗净。

（2）食盐调制为 15 波美度的盐水，入鲱鱼浸渍 30～50 分钟，稀盐水洗涤，悬挂于通风干燥处风干 10 小时左右。

（3）初始熏制的 1 小时温度 20～25℃，然后每隔 1 小时温度分别上升至 33～34℃、40～45℃、50～60℃、60～68℃、80～90℃，连续烟熏 6 小时。

（4）熏干后鲱鱼自然冷却，从熏室取出，在通风干燥处再风干约 10 小时，至制品含水分 65%～66%，得率为新鲜鲱鱼的 43%～47%。

（五）腌腊冷熏鲑鱼

1. 工艺流程

原料处理→盐渍→休整→脱盐→风干→熏干→制品。

2. 配方

原料：鲑鱼 100 千克。

辅料：食盐适量。

3. 技术要点

（1）将新鲜鲑鱼分别切成背肉和腹肉两块，充分洗净血液、内脏等污物。

（2）在盐渍台上向背肉抹上食盐，逐条放在木桶或木槽中，皮面向下、肉面向上，排列整齐。每层撒盐盐渍。盐渍后的鱼肉注入足够的 25 波美度食盐水。

（3）盐渍后的鲑鱼肉切除腹巢即算完成。但注意切片容易发生变色及油脂氧化，这些地方需要人工修整。

（4）盐渍后的鲑鱼洗净，尾部打一细结吊挂在木棒上。木棒长度 1.5 米左右，每根棒挂 8 条左右。置于脱盐槽内吊挂脱盐。根据盐渍时盐水的浓度和水温等调整脱盐时间。一般盐水浓度为 22 波美度、水温 44℃时，

需脱盐120～150小时。大约经100小时脱盐后，烤一片尝一下鱼肉的盐分，直到盐分略淡为止。

（5）脱盐后，悬挂在通风好的室内，沥水风干72小时，直到表面充分沥水风干，鱼体表面明胶质出现光泽为止。风干不足，有损于制品光泽；但干燥过度，表面出现硬化干裂，不利于加工高品质的产品。

（6）将风干鱼挂入烟熏间，18℃烟熏3～5天，然后温度逐渐上升，最高控制在24℃，大约再熏15天。吊挂的鱼要上下翻动，或头尾交替吊挂，以利烟熏均匀。夜间加火源，白天风干，使鱼体水分均一。顶部窗开启1/3左右烟熏。白天停止烟熏期间，打开下部通风门及顶部窗。最初的4～5天，如温度较高，则表面发硬，对产品不利，因此需逐渐升温。

（7）后处理：熏制结束后，拭去表面尘埃，放在熏室或走廊内，堆积成1～1.3米的高度，覆盖好后罨蒸3～4天，使内外干燥一致，色泽均匀良好。

（六）腌腊温熏鲑鳟

1. 工艺流程

原料处理→浸渍→沥水、风干→熏干→制品。

2. 配方

原料：红鲑、银鲑或鳟鱼100千克。

辅料：食盐、砂糖、月桂、胡椒适量。

3. 技术要点

（1）冷冻红鲑分胴体（去头、腹开）、整条（带头、圆形）、带头胴体（带头、开腹）三种类型的原料。在水中解冻，经九成解冻到可以切断为止。对整条和带头胴体要去头（整条鱼要去内脏），开成3片。去头方法是在离鳃盖骨中心部位1/6处切去头部。开片及去头操作要谨慎，它直接影响到产品的外观质量。

（2）调味液是在15波美度的盐水中加入原料重量1%的砂糖，再加入少量月桂、胡椒。900克大小的鱼片浸渍24小时左右。

（3）调味后的鱼肉头部向上悬挂在吊钩上。用与冷熏同样的方法沥水风干到表面干燥。在此期间，用砂糖液涂抹肉面2次左右。

（4）风干结束后，移入烟熏室。与冷熏相比，温熏制品对温度更为敏感，所以只吊挂一层鱼肉进行熏制。熏室大小为3.6米×3.6米×2.4米（吊挂处）。在木材上稍多加些锯屑作为熏材，烟源需设置8～10个。如果早晨6点左右点火，7～8小时后，最高温度达26℃，2～3小时后关火，使室温逐渐降低，自然冷却。制成的产品如有卷曲的现象，可将几块鱼片重叠放置一夜，达到整形的目的。

（七）腌腊冷熏淡水鱼

1. 工艺流程

原料处理→腌渍→脱盐→风干→烟熏→包装→成品。

2. 配方

原料：淡水鱼。

辅料：食盐适量。

3. 技术要点

（1）以鲤、青、草、鳡为主，编、鲢为辅，体重小于0.25千克的不宜作为烟熏原料。

（2）洗净鱼体黏液与污物。1千克以上的鱼采用开片法，即去头去尾，背开剖成2片。除去内脏、血污，洗净腹黑膜，沥干。

（3）洗净的鱼片或鱼块，投入经过滤的饱和食盐水中腌渍。腌渍时间根据气温及鱼块大小而定，一般不宜超过24小时。

（4）脱盐最好用井水，夏、秋季节气温高时可用5%左右的稀盐水。脱盐时间可根据成品规格含盐量的要求加以掌握。脱盐后沥水30分钟，并使鱼体内的盐分扩散均匀。

（5）背开的鱼最好采用挂晒，鱼块可放在竹帘上晒，竹帘要离地0.5米以上，使空气流通，避免尘土沾附鱼体。晒干程度以脱盐后的鱼风干至七成左右。在晒干过程中，应经常翻动，不得在炎热的正午日晒。

（6）选用含树脂较少的阔叶树如柞木、杉木、杨木等的锯屑为熏材。背开鱼用挂熏法，鱼块可放在熏折（竹编的帘子）上熏，20～40℃熏制24小时以上。

（7）熏鱼充分冷却后，分等级包装。用木箱包装，内铺层牛皮纸。每件净重25千克。

4. 规格标准

一级品：剖割正确，大小一致，无破伤、鳞完整、鱼腹与表面洁净，色金黄，无盐霜，肉结实，有香味，鱼肉含水分不超过45%，盐分不超过10%。

二级品：剖割基本正确，无破伤、鳞片部分脱落，表面稍有脂肪溢

出，但内外均洁净，颜色金黄，稍有盐霜，肉质稍软，有香味，略有树脂气味，鱼肉含水分不超过45%，含盐分10%以下。

三级品：体表稍有损伤，鳞片脱落过多，由于剖割不正确，部分肋骨露出，肉有裂纹，稍有黑膜，出油较多，熏烟色泽不匀，呈暗褐色，有盐霜，树枝气味较重，鱼肉含水分、盐分不符合一、二级标准。

(八) 腌腊调味烟熏乌贼

1. 工艺流程

原料处理→剥皮→洗净→第一次调味→熏制→切丝→第二次调味→包装→制品。

2. 配方

原料：新鲜或冷冻的乌贼10千克。

辅料：

(1) 调味料1：食盐600克，砂糖2千克，味精100克

(2) 调味料2：食盐360克，砂糖1.2千克，味精80克，核苷酸调味料2克，鲜味调味料20克，山梨酸、植物油适量。

3. 技术要点

(1) 先将头部和内脏一起从胴体取出，去头、足、内脏，进行背开，同时去内骨（软骨），然后沿鳍的根部切断。只用胴体作为烟熏品，胴体需充分水洗，除净污物。

(2) 乌贼剥皮，一半放在55～60℃的热水中浸烫，通过搅拌使鱼体相互摩擦，色素和表皮溶到热水中。大多数使用加热釜或者大木桶，也有在配备搅拌机的剥皮机上加工。剥皮所需的时间根据原料鲜度而定，鲜度良好的达到温度后保温10～20分钟，鲜度差的10分钟左右即可剥皮。温水要及时更换（每使用2～3次再换）。

(3) 经剥皮的胴体，特别是胴体内部要用刷子清洗干净，然后放在90～95℃的沸水中煮熟2～3分钟，待肉质完全凝固时，捞起排列在竹帘上冷却风干。

(4) 第1次调味，将调味料1与经过前处理的煮熟原料混合均匀，轻压，堆积过夜，使调味料渗入肉体，肉体水分向外渗出。

(5) 第1次调味后，鳍根部钉入挂棒的钉上，排列吊挂，移入烟熏室内，最低层应远离火源1.8～2.4米，每一挂棒之间的横向间距为6～9厘米，上下间隔为18～24厘米。如烟熏室面积为1米×1.5米，高为3.6

米，则每层14根（每根20尾），共15层，大约可以容纳210根挂棒，4200尾（折合鲜原料1000千克）。最初的烟熏温度为20～25℃，经过2小时后逐渐升高温度，至最后2～3小时内于60～70℃进行熏干，烟熏7～9小时完成。采用热熏法时，初温70℃烟熏3～4小时，然后用100℃熏干30～60分钟。一般在夏季需熏干些，使制品水分在40%左右；冬季熏干时间短些，水分在45%左右。

(6) 熏干完成后，通过切丝机沿胴体垂直的方向切成宽1～2毫米的丝。弃去两端过度干燥的部分。切丝后，通过圆筒形的回转金属网，筛去切丝不好的部分。

(7) 第2次调味时，将乌贼丝与调味料2在搅拌机内混合，堆放过夜，使调味料渗透均匀。如果鱼丝表面发黏，可用红外线干燥机在75～85℃干燥10分钟。为了防止过分干燥，可添加乌贼肉重1%～2%的植物油（棉籽油、大豆油）。

(8) 产品用聚乙烯袋或硫酸纸包装，每袋1千克或2千克，外用厚纸箱包装出售。进一步的加工可采用聚乙烯复合袋抽真空包装，90℃30分钟左右蒸汽杀菌后，装入塑料袋（聚乙烯）即成。

(九) 腌腊调味烟熏章鱼

1. 工艺流程

原料处理→剥皮、风干→调味→熏干→切断→包装→成品。

2. 配方

原料：章鱼100千克。

辅料：食盐4～5千克，砂糖18～20千克，混合调味粉（味精、胡椒等）500～700克。

3. 技术要点

(1) 由于章鱼很难熏干，必须采用很新鲜的原料。首先在8波美度左右的盐水中轻轻搅拌，洗去表面污物和杂质，吸盘中沙土也要充分洗净。然后投入沸水中，煮沸后继续煮15～25分钟，再用冷水急速冷却。

(2) 剥皮时沿肉腕吸盘两侧切入，很容易地剥净鱼皮。胴体上大约残留3厘米宽需切去。胴体一端吊挂，肉腕挂在鞍架上风干一夜。

(3) 对风干的鱼肉，撒入预先混合均匀的调味料，装入无异味的容器中。冬季调味渗透两夜，夏季渗透一夜，使调料渗透均匀。腕肉逐个调味，对大型腕肉需分割并切除中心部位的骨髓。

(4) 调味后，将鱼吊挂在挂棒上充分风干，再用30℃左右温度熏干，前5天每天熏干半天，以后按同样的方法隔日熏干。7.5千克左右（2根挂棒）的原料，腕肉熏干8～10天，胴体熏干2～3天。

(5) 沿腕部垂直方向切成薄片，胴体切成适当的大小。按烟熏乌贼的标准，每一纸箱装1千克或2千克，或者装入聚乙烯塑料袋中，抽真空包装防霉处理。

（十）腌腊调味烟熏狭鳕

1. 工艺流程

原料处理→水洗→调味→熏干→切片→二次调味→包装→成品。

2. 配方

原料：新鲜或盐腌大型狭鳕。

辅料：食盐、砂糖、味精、琥珀酸等适量。

3. 技术要点

(1) 原料鱼经去头、开片、剥皮后制成鱼片。盐腌狭鳕需先行脱盐处理。

(2) 洗净沥水，放入13波美度食盐水中浸渍20分钟，沥干调味液。也可用原料3%的食盐、15%砂糖、0.5%～1%味精拌匀后撒在肉的表面，装入容器内浸渍，温暖季节腌1天，寒冷季节腌2天，使调味料渗透均匀。

(3) 将浸渍调味的鱼肉片，用水稍作漂洗，沥水，然后穿挂在挂棒上风干，约六成干即可进行熏干。熏干只赋增香作用。在20～30℃下熏干3天左右。然后罨蒸1～2天，使内外水分含量一致。

(4) 制品削成薄片，或切成细丝，真空包装即为成品。夏季产品可将制品进一步干燥，以保证其可贮性。

（十一）腌腊熏沙丁鱼

1. 工艺流程

原料鱼→处理、清洗→开片→调味浸渍→干燥→熏干、罨蒸→整形→包装→成品。

2. 配方

(1) 咸味温熏沙丁鱼用调味液：每100千克鱼肉添加水100千克、食盐2千克、白砂糖1千克、味精500克、核苷酸100克、白胡椒100克。

(2) 酱油味温熏沙丁鱼用调味液：每100千克鱼肉添加酱油23千克、

水 6 千克、饴糖 8.6 千克、粗糖 12 千克、味精 100 克、白胡椒 100 克、姜 100 克、甜菊糖 100 克。

（3）咸味冷熏沙丁鱼用调味液：每 100 千克鱼肉添加水 100 千克、食盐 5 千克、白砂糖 1 千克、味精 500 克、核苷酸 100 克、牙买加胡椒 100 克、白胡椒 100 克。

（4）酱油味冷熏沙丁鱼用调味料：每 100 千克鱼肉添加水 6 千克、酱油 23 千克、白砂糖 12 千克、饴糖 8.6 千克、味精 100 克、白胡椒 100 克、姜 100 克。

3. 技术要点

（1）冰鲜或冷冻沙丁鱼，切除头部，腹开除去内脏后清洗干净，开为 3 片，除去中骨及腹鳍。

（2）将鱼肉在预先配制好的调味液中浸渍一夜。温熏品应煮沸后再浸渍。

（3）生产咸味制品时，冷风烘干机 20℃干燥 1 天。生产温熏品或冷熏制品时，20℃烘干 2～3 小时。

（4）用枹、樱等熏材熏干。生产温熏制品时，先用 30～40℃熏 1 小时，接着用 50～60℃熏干 30 分钟，自然冷却后置于密闭容器罨蒸一夜。生产调味冷熏制品时，用 20～25℃连续熏 3 天（每天熏 8 小时），熏干后置于密闭容器中罨蒸一夜。

（5）调味冷熏沙丁鱼的成品率为原料的 32%（水分 25%），冷却产品真空包装贮藏。

（十二）腌腊调味熏扇贝

1. 工艺流程

原料扇贝→洗净→蒸煮→脱壳→第二次水煮→浸渍调味→沥汁→风干→熏干→罨蒸→真空包装→加热杀菌→冷却→成品。

2. 配方

原料：扇贝软体 100 千克。

辅料：白砂糖 7 千克，甜菊糖（10%）0.2 千克，食盐 2 千克，味精 300 克，琥珀酸钠 100 克，山梨酸钾 100 克。

3. 技术要点

（1）原料洗净污物后，倒入网筐内投入 98℃水中，沸腾后再煮 3～5 分钟。

（2）用开壳器具（或脱壳机）分离贝壳和软体部分，再除去软体部分内的肠腺，水洗。

（3）第二次水煮，将除去肠腺的扇贝软体部分倒入金属网筐内，投入98℃水中，加热沸腾后再煮10～15分钟。根据贝柱的规格大小、投入量不同，确定加热时间。切开贝柱，中心部分的肌肉纤维具有良好的拉伸性时表明加热时间已足。煮熟后，在清水中冷却20分钟左右。

（4）第二次煮熟后的扇贝软体，用混合均匀的调味料腌渍一夜，沥汁。

（5）扇贝熏制：室温风干至表面干燥后，置于金属网片上，在烟熏室内用干燥熏材（枹、樱等）熏干。约经1小时后，逐渐将温度升至80℃，之后保持30分钟。

（6）熏干的扇贝置于密闭容器中，冷暗处放置。进一步的加工可采用真空包装后，用85～90℃加热杀菌40分钟，清水急速冷却。成品类为原料贝重量的15%～16%。

第八章　卫生与质量安全控制

一、腌腊肉制品加工卫生要求

（一）原料、辅料的卫生要求

腌腊肉制品加工卫生要求必须符合肉类加工厂卫生规范（GB 12694—1990），相关规范包括腊肉制品加工技术规范（NY/T 2783—2015）、肉和肉制品经营卫生规范（GB 20799—2016）等，根据产业发展在不断修改完善中。按照相关规范，原料肉必须经过兽医卫生检验，并有检疫检验合格证明，必须符合国家卫生、质量标准。不得使用已经腐败变质或不符合卫生要求的原料。

建立加工前剔骨修割的检查制度。原料整理必须割净甲状腺、肾上腺、病变淋巴腺及病变组织，去除毛、血、污，并清洗干净；原料不得直接着地存放，落地污染的原料应清洗干净后方能使用。

辅料及添加剂必须无霉烂变质，无杂质、无蛆虫、无异味，盛装辅料及添加剂的容器不得直接着地摆放。严禁使用不符合食品卫生要求的辅料及食品添加剂。

（二）加工及包装的卫生要求

1. 对加工的卫生要求

（1）加工用的各种工具、容器、台板、机器设备等，使用前应严格清洗消毒。盛装待熟制原料的容器不得接触地面，不得使用不符合卫生要求的容器盛装熟制品。凡接触或盛放熟制品的容器，要求每使用一次，清洗消毒一次。

（2）做到原料与半成品、成品分开，食品与药品、杂物分开，生与熟制品分开，防止交叉污染。

（3）加工中要根据制品的不同熟制要求，做到烧熟煮透，以达到无害处理的标准。同时，还要保证制品的质量和特色，减少营养成分的损失，避免营养成分的破坏。

肉制品熟制后要注意通风冷却，并防止污染。使用一次性可食外包装材料的制品熟制后不得用自来水冷却。

（4）肉制品加工生产应以销定产，对超过保存期的制品，要有相应的销毁处理制度。

（5）肉制品加工过程中，加工人员应按照规定的配方和工序进行加工，不得擅自更改，不得滥用或超标准使用食品添加剂，要严格遵守各种食品卫生操作规程，保证产品符合卫生要求。

2. 对包装的卫生要求

（1）包装间要有缓冲室、空调设施、自动洗手设施及消毒设备。配备专职卫检人员，对车间温度、环境、设备、用具及包装人员进行卫生检查，负责消毒药液配制及做好产品质量记录和统计报表工作。

（2）包装材料必须符合《食品包装材料卫生标准》，并有专人保管。

（3）包装好的产品必须有产品说明书和商品标志，注明产品品名、产品标准号、生产许可证号、产地、厂名、生产日期、批号、规格、配方和主要成分、储存条件、保存期等。

（三）加工企业的卫生工作

肉制品的加工生产，卫生是第一生命，没有好的卫生条件很难做出高质量的产品。所以，肉制品加工企业应将卫生工作放在首位，卫生工作重点如下。

1. 定期组织培训

新进厂员工，进厂后要组织专门人员对其进行卫生知识培训，贯彻食品卫生法，树立卫生意识，坚持先培训后上岗。对在岗人员也要定期组织卫生培训。培训教育要有计划、有考核标准，做到制度化和规范化。

2. 工厂的卫生管理

（1）健全制度：制订卫生管理制度和实施细则；配备经培训合格的专职卫生管理人员，按规定的权限和责任负责监督全体职工执行卫生规章制度。

（2）清洗消毒：生产车间的设备、工具、用具、操作台，应经常清洗和进行必要的消毒；使用消毒剂消毒后，必须再用饮用水彻底冲洗干净，除去残留物后方可接触肉品。每班工作结束后或在一定时间内，必须彻底清洗加工场地的地面、墙壁、排水沟，并进行消毒。对更衣室、淋浴室、厕所、工间休息室等场所，应经常清扫、清洗、消毒，保持清洁。

（3）废弃物处理：厂房通道及周围场地不得堆放杂物。生产车间和其他工作场地的废弃物必须随时清除，并及时用不渗水的专用车辆、容器运到指定地点加以处理。废弃物专用容器、车辆和临时存放场地应及时清洗、消毒。

（4）除虫灭害：厂内应定期或在一定时间内进行除虫灭害，防止害虫孳生。车间内外应随时灭鼠。车间内使用杀虫剂时，应按卫生部门的规定采取妥善措施，不得污染原辅材料与肉制品。使用杀虫剂后，应及时将受污染的设备、工器具和容器彻底清洗，除去残留药物。

（5）危险品管理：必须设置专门的危险品库房和储存柜，存放杀虫剂和一切有毒、有害药品。这些物品必须贴有醒目“有毒”标记。工厂应制订各种危险品的使用规则。使用危险品须经专门管理部门批准，并在指定的专门人员的严格监督下使用，不得污染肉品。

（6）厂区禁止饲养非屠宰动物（经相关部门批准使用的科研和动物检测用的实验动物除外）。

3. 个人卫生和健康

（1）健康检查　生产人员及有关人员每年至少进行一次健康检查，取得健康合格证方可上岗工作。

（2）健康要求　凡患有下列病症之一者，不得从事屠宰和接触肉品的工作：痢疾、伤寒、病毒性肝炎等消化道传染病（包括病原携带者）；活动性肺结核；化脓性或渗出性皮肤病；其他有碍食品卫生的疾病。

（3）受伤处理　凡受刀伤或有其他外伤的生产人员，应立即采取妥善措施，包扎防护，否则不得从事屠宰或接触肉品的工作。

（4）洗手要求　生产人员遇有下述情况之一时必须洗手、消毒，工厂应有监督措施。开始工作前；上厕所之后；处理被污染的原材料之后；从事与生产无关的其他活动之后；分割肉和熟肉制品加工人员离开加工场所再次返回前应洗手、消毒。

（5）个人卫生　生产人员应保持良好的个人卫生习惯，勤洗澡、勤换衣、勤理发，不得留长指甲和涂指甲油。

生产人员不得将与生产无关的个人用品和饰物带入车间；进车间必须穿工作服（暗扣或无纽扣、无口袋）和工作鞋、戴工作帽，头发不得外露；工作服和工作帽必须每天更换。接触直接入口食品的加工人员必须戴口罩。

生产人员离开车间时，必须脱掉工作服、鞋、帽。

非生产人员经获准进入生产车间时，必须遵守有关的规定。

4. 加工过程的卫生

（1）原料、辅料：用于加工肉制品的原料肉，须经兽医检验合格，符合 GB 2722、GB 2723 和国家其他有关标准的规定。必须使用国家允许使用的食品添加剂，使用量必须符合 GB 2760 的规定。投产前的原料和辅料必须经过卫生、质量检验，不合格的原料和辅料不得投入生产。

（2）分割冷冻：畜禽躯体剔骨、分割应在较低温度下进行，并应有散热和防止积压的措施，避免分割肉变质。卫生检验人员应对原料和成品的卫生质量、车间温度、卫生设施等进行监督检查。冷藏库内应经常保持清洁、卫生。冻肉在冷库内应在垫板上分类存放，并应与墙壁、顶棚、排管等保持一定间距。入库冻肉必须有兽医检验证书。贮藏过程中应随时检查，防止风干、氧化和变质。

（3）肉制品加工：工厂应根据产品要求制定加工工艺、卫生规程和消毒制度，严格控制可能造成成品污染的各个关键因素；并应严格控制各种肉制品的加工温度，避免因加工温度不当而造成食物腐败变质。

原料肉腌制间的室温应控制在 2～4℃，以防止腌制过程中半成品腐败变质。用于灌肠产品的动物肠衣应搓洗干净，消除异味。使用非动物肠衣须经食品卫生监督部门批准。熏制各类产品必须使用低油脂的硬木（木屑）。采用高温或冷冻处理可食肉时，应选择合适的温度和时间，达到使寄生虫和有害微生物致死的目的，保证人食无害。

（4）包装：包装熟肉制品前，必须对操作间进行消毒。各种包装材料必须符合国家卫生标准和卫生管理办法的规定。包装材料应存放在通风、干燥、无尘、无污染源的仓库内，使用前应按有关卫生标准检验、化验。成品的外包装必须贴有符合预包装食品标签通则（GB 7718—2011）的标签。

5. 半成品或成品的卫生

鲜肉应吊挂在通风好、无污染源，室温在 0～6℃的专用库内。鲜、冻肉不得敞运，没有外包装的剥皮冻猪肉不得长途运输。运送熟肉制品应使用防尘保温车，或将制品装入专用容器（加盖）用其他车辆运送。头蹄、内脏、油脂等应使用不渗水的容器装运。胃、肠和心、肝、肺、肾不得盛装在同一容器内，并不得与肉品直接接触。装卸鲜、冻肉时，严禁脚踩、触地。所有运输车辆、容器应随时、定期清洗、消毒，不得使用未经清洗、消毒的车辆、容器。

无外包装的肉制品应限时存放在专用成品库中，如需冷藏贮存，应严密包装，不得与生肉混存。各种腌、腊、熏制品应按品种采取相应的贮存方法。一般应吊挂在通风、干燥的库房中。咸肉应堆放在专用的垫架上。

如夏季贮存或需延长贮存期，可在低温下贮存。

6. 卫生与质量检验

工厂必须设有与生产能力相适应的兽医卫生检验和质量检验机构，配备经专业培训并经主管部门考核合格的各级兽医卫生检验站（室）及检验人员。工厂检验机构在厂长直接领导下，统一管理全厂兽医（食品）卫生和兽医（食品）检验、质量检验人员；同时接受上级主管部门的监督和指导。检验机构有权直接向上级有关主管部门反映问题。检验机构应具备检验工作所需要的检验室、化验室、仪器设备，并有健全的检验制度。检验机构必须按照国家或有关部门规定的检验或化验标准，对原料、辅料、半成品、成品等各个关键工序进行细菌、物理、化学检验和化验，以及病原实验诊断。经兽医检验细菌超标不合格的产品，一律不得出厂。外调产品必须附有兽医检验证书。计量器具、检验、化验仪器、设备，必须定期检测、维修，确保精度。各项检验、化验记录保持三年备查。

(四) 发货、运输、储存的卫生要求

1. 对发货的卫生要求

成品卫生质量应有专人检验，定期抽样化验，对不符合国家卫生标准和质量有问题的制品不能出厂。盛装货物的容器必须符合食品卫生要求。成品发货时要有卫检人员和质检人员严格把关。

2. 对运输的卫生要求

（1）运输肉制品的工具必须专用，每次用后必须清洗、消毒，保持干净，并做到防雨、防尘、防晒、防污染，符合卫生要求。严禁使用装载过农药、化肥或其他有毒物品的运输工具装运食品。

（2）肉制品应根据性质、种类分别运输，生熟分开，防止交叉污染，易腐制品应在低温或冷藏条件下运输。

（3）装运人员要注意个人卫生及操作卫生，防止污染。

（4）尽量缩短肉制品运输时间，并按不同季节做好防污染工作，保证肉制品卫生质量。

3. 对储存的卫生要求

（1）原料、辅料及肉制品储存应有专用存放场所，要有专人负责管理，并做好存放场所的定期消毒、防霉、防虫、防蝇、防鼠工作，要设有测温、湿度的记录装置。

（2）库房应按原料、辅料、半成品及成品的性质分类设置，防止交叉污染。库房内存放的食品之间要有一定间隔，与地面、墙壁要保持一定距离，不得直接放在地上，不得存放腐败变质、被污染、有异味的货物。存放的食品要坚持先进先出的原则。

（3）库内存放食品要有登记及食品卫生质量检查、验收制度。对贵重及有毒性的原、辅料要专人负责，妥善保管，防止丢失和错发。

(五) 零售、个人及环境的卫生要求

1. 对零售经营的卫生要求

（1）零售经营部门要有防尘、防蝇、消毒及防腐设备。在销售过程中，尽量做到密闭化，所使用的工具及设备要符合食品卫生要求。

（2）零售单位或个人出售的肉制品应新鲜清洁，不得调进和出售腐败变质或含有毒物质的制品。

（3）售货人员要穿戴干净清洁的工作衣帽，销售熟肉制品应用专门工具夹持，做到钱、货分开，要养成良好的卫生习惯，做好食品卫生质量检查，把好质量关。

2. 对个人的卫生要求

（1）肉制品生产加工和销售人员，每年要定期进行健康检查。凡患有痢疾、伤寒、病毒性肝炎（包括带菌者)、活动性肺结核、化脓性或渗出性皮肤病的人员，不得从事接触食品的工作。

（2）从事肉制品生产加工和销售的人员必须接受卫生知识和食品卫生法的培训，并通过考核合格后方可从事食品生产和销售。

（3）肉制品生产加工和销售人员应穿戴工作服和发帽，并经常保持清洁。工作时不准戴戒指、项链、耳环等饰物和手表，以免操作时落入食品中，造成污染。

（4）个人要养成良好的卫生习惯，勤洗澡，勤理发，勤剪指甲，勤洗手，勤换洗衣服（包括工作服)，不向食品打喷嚏、擤鼻涕，操作时禁止吸烟等。

3. 对环境的卫生要求

（1）肉制品生产企业的厂址区或车间应选择在地势较高、干燥、通风、采光良好并远离污染源，以防食品污染。厂房建筑物结构与设备安装要坚固，建筑物与设备、设备与设备间要保持适当空间，根据工艺流程要求保持生产的连续性，便于生产、储存、运输、维修与洗刷。

（2）车间地面、墙壁要用不透水、不吸水的材料制成，便于清洗、消毒。车间门口设有洗靴机、消毒池、风淋室和自动洗手消毒设施，地面平坦不打滑、不积水，清洁整齐，排水管道畅通。加工车间应有防蝇、防尘、防鼠设施，设置相应的通风、排烟装置。

（3）生活区、厕所和饲养动物的区域不得位于加工区的上风向，并应与加工区保持一定距离。

（4）环境卫生采取定人、定物、定时间、定质量的“四定”办法，划片分工，包干负责，定期检查。

二、腌腊肉制品加工消毒方法

（一）腌腊肉制品加工中的污染

腌腊肉制品在加工生产过程中被细菌污染的途径很多，主要有以下几种原因。

第一，通过水而被污染。在肉制品加工中，原料肉的洗涤加工、冷却，机器设备的清洗及墙壁地面的保洁，都需要大量的水，如水被污染，将直接污染肉制品。

第二，通过空气与地面而被污染。地面上含有大量细菌，空气中的细菌主要来自地面，如制品在加工过程中不慎落地或长时间暴露在空气中，污染是不可避免的。

第三，通过人及动物而被污染。直接从事肉制品加工的人员，如不养成良好的卫生习惯，手和工作衣帽等不洁，就会污染肉制品。同时，肉制品生产场所中的蚊、蝇、鼠等小动物都是细菌的传播者。

第四，通过工具或用具而被污染。肉制品加工过程中，从运输到成品各环节使用的工具、用具、设备、容器及包装材料等未经消毒，就会直接污染肉制品。

另外，还包括原料肉采购前已受污染，辅料及添加剂对肉制品的污染等多种因素。

以上情况说明，肉制品的污染来源是复杂的，涉及加工过程中每一个环节。由此可以看出，在肉制品生产过程中，消毒工作是非常重要的，是贯彻“预防为主”方针的一项重要措施，是杀灭细菌、防止病原体扩散、防止污染、保证肉制品卫生质量的一种重要手段。

（二）腌腊肉制品加工过程中消毒工作

腌腊肉制品加工过程中消毒的方法很多，在选择消毒方法时应注意选择消毒效果好，并对人和食品危害小的方法。目前，用于肉制品加工生产中的消毒方法主要有蒸汽消毒、煮沸消毒和药液消毒。

1. 蒸汽消毒

蒸汽具有很大的渗透力，杀菌作用很强，高温的蒸汽透入菌体，使菌体蛋白质变性、凝固，直至死亡。饱和蒸汽在100℃时只需经过15～20分钟，就可杀死一般细菌。对芽孢型细菌，可采用高温高压蒸汽灭菌法，在高压蒸汽灭菌器中进行。当蒸汽压力为0.1兆帕时，相应的温度可达121.6℃，各种细菌包括芽孢型细菌在内，经过15～20分钟，都会被杀灭，达到杀菌目的。

蒸汽消毒的方法应用极广，一切耐湿的物品如各种工具、容器、用具等都可采用此法消毒。

2. 煮沸消毒

煮沸消毒是一种方法简单、应用广泛、效果较好的消毒方法。采用煮沸法消毒需先将水煮沸，再放入需要消毒的刀具、容器、工作衣帽等物品，水要淹过物体，持续煮沸10分钟，就能达到消毒目的。一般细菌在100℃沸水中经过4～5分钟即可死亡。但杀死芽孢型细菌需要煮沸1～2小时才能杀死。若在水中添加1%～2%碳酸钠，可以加速杀死芽抱型细菌。

3. 药液消毒

药液消毒法是用化学药品配制的溶液对物品进行消毒的一种方法。其消毒作用比一般的消毒方法速度快、效力强，所以药液消毒法应用最广。

药液消毒的效果取决于药液的种类、性质、浓度、温度、作用时间及细菌的种类与各类细菌对化学药液的敏感性等。肉制品生产中理想的消毒药液应符合的条件是：杀菌效果好、作用快；不损害被消毒的物品；用后不留残余毒性或易除去；性价比高；对人及畜禽都较安全；配制与使用简便；易于推广。

（三）腌腊肉制品加工厂常用的消毒液

1. 碱类

碱类能水解蛋白质和核酸，能破坏细菌的结构和酶系统，造成细菌死亡。碱溶液的浓度愈高，其杀菌作用愈强。此外，碱类还具有去油污作

用，以致肉制品加工厂常用不同浓度的碱溶液作为环境、工具、用具、台板等的去污消毒剂。

2. 漂白粉（次亚氯酸的钙盐）

为白色或灰白色粉末。其水溶液释放出有效氯成分，有很强的氧化、杀菌与漂白作用，0.25%～0.3%的水溶液能在5分钟内，0.5%～1%的水溶液能在3分钟内杀死大多数细菌。在肉制品加工厂常用漂白粉澄清水来消毒工具、用具和包装品等。

3. 次氯酸钠溶液

是强氧化剂，也是一种高效的化学消毒剂。它能渗进有机污物，具有分解有机物质的能力并能杀死细菌。因此，对容器、设备、刀具、台板等用具设备具有较好的消毒效果。

4. 表面活性剂（又称去污剂）

为人工合成的洗净剂，能吸附于细菌表面，使细菌细胞通透性改变，细胞内的酶逸出，细菌因代谢障碍而死亡。其优点是在碱性和酸性溶液中不发生沉淀和浮渣，具有去垢和杀菌作用，无刺激性与腐蚀性，使用浓度无毒性。常用产品有新洁尔灭、杜灭芬等，被广泛应用于餐具、衣服和肉制品工厂工具、机器设备、容器等的清洗与消毒。

总之，在熟肉制品加工生产中，除上述几种消毒方法外，还包括有干热灭菌法、紫外线灭菌消毒、臭氧灭菌消毒等多种方法。熟肉制品加工厂应十分注意日常的清洁卫生工作。至于定期消毒，国外多采用高压热水冲洗地面、墙壁、台板、容器等，除特殊情况外，不使用化学药液消毒，值得我们借鉴。

三、 产品质量标准与安全控制

（一）产品质量卫生标准

无论是腊肠、腊肉或火腿，腌腊制品必须符合中华人民共和国国家腌腊肉制品标准。《食品安全国家标准　腌腊肉制品》（GB 2730—2015）内容如下。

1. 范围

本标准适用于腌腊肉制品。

2. 术语和定义

（1）腌腊肉制品　以鲜（冻）畜、禽肉或其可食用副产品为原料，添加或不添加辅料，经腌制，烘干（或晒干、风干）等工艺加工而成的非即食肉制品。

（2）火腿　以鲜（冻）猪后腿为主要原料，配以其他辅料，经修整、腌制、洗刷脱盐、风干发酵等工艺加工而成的非即食肉制品。

（3）腊肉　以鲜（冻）畜肉为主要原料，配以其他辅料，经腌制、烘干（或晒干、风干）、烟熏（或不烟熏）等工艺加工而成的非即食肉制品。

（4）咸肉　以鲜（冻）畜肉为主要原料，配以其他辅料，经腌制等工艺加工而成的非即食肉制品。

（5）香（腊）肠　以鲜（冻）畜肉为主要原料，配以其他辅料，经切碎、搅拌、腌制、充填（或成型）、烘干（或晒干、风干）、烟熏（或不烟熏）等工艺加工而成的非即食肉制品。

3. 技术要求

（1）原料要求　原料应符合相应的食品标准和有关规定。

（2）感官要求　感官要求应符合表 8-1 的规定。

表 8-1　感官要求

项目	要　求	检验方法
色泽	具有产品应有的色泽，无黏液、无霉点	取适量试样置于白瓷盘中，在自然光下观察色泽和状态，闻其气味
气味	具有产品应有的气味，无异味、无酸败味	
状态	具有产品应有的组织性状，无正常视力可见外来异物	

（3）理化指标　理化指标应符合表 8-2 的规定。

表 8-2　理化指标

项目	指标	检验方法
过氧化值(以脂肪计)/(克/100 克)		
火腿、腊肉、咸肉、香(腊)肠	≤0.5	GB 5009.227
腌腊禽制品	≤1.5	
三甲胺氮/(毫克/100 克)		
火腿	≤2.5	GB 5009.179

（4）污染物限量　污染物限量应符合 GB 2762 的规定。

（5）食品添加剂　食品添加剂的使用应符合 GB 2760 的规定。

（二）产品标示与标签

凡是包装的肉制品，按规定必须有标签予以明确标示，而且标签的设计、内容必须经主管职能部门审核同意后方能使用。可以直接印刷在包装物上，也可以单独贴在产品的包装上。凡是定量包装的产品，必须按预包

装食品标签通则（GB 7718—2011）规定执行。

非定量包装的产品，按当地主管机关规定条款执行。但必须标注：产品名称、配料表、商标、质量等级、厂名、厂址、电话、生产日期、保存条件、保质（存）期、执行标准代号、条形码号、食用方法、净含量等。无论定量包装或非定量包装的产品，都必须标明淀粉含量和该产品的生产许可证编号。

（三）产品卫生检验

1. 原料卫生检验

肉是肉制品最主要的原料，直接关系到肉制品的产品质量，只有好的原料肉才能生产出好的产品。所以，把好原料肉的质量关，是制备卫生好、质量高的肉制品的重要环节之一。原料肉的卫生检验按国家颁布的标准进行，无国标的可按行业标准或地方标准检验。

2. 产地和卫生检疫证

任何原料肉，先要检查来自何地区的屠宰厂家，以及是否有当地卫生检疫部门的检疫证明，还要了解产地有无疫情。如果没有以上检疫证明，原料为不合格，不能收、不能存、不能用。

3. 运输工具和包装

（1）运输工具：运输原料肉的车辆、工具等，必须符合卫生法要求，清洁、封闭，无其他污染物。

（2）包装：原料肉的外包装材料应符合国家规定的要求，不会污染肉类及制品。包装上应标明原料肉名称、产地、生产厂址、电话、生产日期、执行标准（或标准号）、卫生许可证号、毛重、净重等。接收原料时应检查包装是否合乎要求、有无损坏等。

4. 感官检查

购进的原料肉是鲜的还是冻的，是整只的还是分割的。应根据不同种类按标准检查。

（1）外观：表面有无浮毛、血污、异物、病变及其他污染。

（2）色泽：肌肉的色泽是否正常，光泽度如何，脂肪有无氧化，有无风干现象，或其他异常。

（3）弹性：用手指压肉的不同部位，好的肉应具有弹性，能很快恢复原状。

（4）气味：应有鲜、冻肉的正常气味，不能有酸臭味、哈喇味。

（5）水分：检查肉的含水情况，用指压肌肉辨别含水量。或用滤纸贴住肉块表面，稍用压力，正常情况下滤纸不会太湿，如含水多，压后滤纸发湿。如有疑问应做含水对比实验。

如有必要还可进行理化指标检验。

5. 成品卫生检验

肉制品的成品在出厂前及销售中要进行成品卫生检验，检验合格才能出厂或继续销售。检验内容包括产品包装、规格、感官检查、理化检查和微生物检查等。

包装、规格检查：包装应完好，标签齐全，结扎牢固、整齐。对定量包装的还要进行计量检查。

（1）感官检查　首先要看外观是否合乎要求，检查表面有无污染，有无霉变，色泽是否正常，组织状态、质地、切面的紧密情况，气味和滋味的情况，有无霉变味、酸臭味或其他异常味。

（2）微生物检验　每批次成品都必须做细菌检验（必检项目），主要做总菌数、大肠菌群、致病菌检验，有一项不合格者就不能出厂。

（3）理化检验　对成品应定期进行理化检验，根据不同产品涉及亚硝酸盐残留量、重金属、砷、铅、苯并芘类、蛋白质、脂肪、淀粉、水的含量等的检验。

四、 腌腊肉制品生产许可及质量控制

1. 产品范围

实施食品生产许可证管理的腌腊肉制品是指以鲜、冻畜禽肉为主要原料，经选料、修整、腌制、干燥脱水和包装等工艺制成的肉类加工食品。该类产品生产许可证的申证单元具体产品包括肉灌制品、腊肉制品、火腿制品和其他肉制品，其生产许可证的有效期为 5 年。

2. 基本生产流程及关键控制环节

见表 8-3。

表 8-3　腌腊肉制品基本生产流程及关键控制环节

申证单元名称	基本生产流程	关键控制环节	容易出现的质量安全问题
腌腊肉制品	选料→修整→配料→腌制→灌装①→晾晒→烘烤→包装	1. 原辅料质量；2. 加工过程的温度控制；3. 添加剂；4. 产品包装和贮运	食品添加剂超量，产品氧化、酸败及污染

① 中国腊肠类需经灌装工序。

3. 必备的生产资源

（1）生产场所　应具有原料冷库、辅料库，有原料解冻、选料、修整、配料、腌制、包装车间和成品库。

生产中式腊肠类的企业，还应具有灌装（或成型）、晾晒及烘烤车间。

生产中式火腿类的企业，还应具有发酵及晾晒车间。

（2）必备的生产设备　应具有选料、修整、配料和腌制等设备或设施。生产腊肉类还应具有晾晒及烘烤设备或设施；生产中式腊肠类还应具有灌装、晾晒及烘烤设备或设施；生产中式火腿类还应具有发酵及晾晒设备或设施。

4. 产品相关标准

腌腊肉制品标准为《食品安全国家标准　腌腊肉制品》（GB 2730—2015）。

5. 原辅材料的有关要求

畜禽肉应经兽医卫生检验检疫，并有合格证明，必须选用定点屠宰企业的产品。进口原料肉必须提供出入境检验检疫部门出具的原料合格证明。原辅材料及包装材料应符合相应国家标准或行业标准规定。不得使用非经屠宰死亡的畜禽肉及非食用性原料。

如果所使用的原辅材料为实施生产许可证管理的产品，则必须选用获得生产许可证企业生产的该类产品。

建立原辅材料采购明细记录并妥善保存。

6. 企业必备的检验设备

分析天平（0.1mg）；干燥箱；玻璃器皿；分光光度计（生产中式火腿类产品应具备）。

7. 检验项目

腌腊肉制品的发证检验、监督检验、出厂检验分别按照表 8-4～表8-6所列出的相应检验项目进行，注：有“*”标记的，为企业每年检验 2 次即可。

（1）咸肉类　见表 8-4。

表 8-4　咸肉类检验项目

序号	检验项目	发证	监督	出厂	备注
1	感官	√	√	√	
2	酸价	√	√	√	板鸭(咸鸭)检验此项目

续表

序号	检验项目	发证	监督	出厂	备注
3	挥发性盐基氮	√	√	√	腌猪肉检验此项目
4	过氧化值	√	√	√	
5	亚硝酸钠	√	√	*	
6	食品添加剂(山梨酸、苯甲酸)	√	√	*	
7	净含量	√	√	√	定量包装产品检验此项目
8	标签	√	√		

(2) 腊肉类　见表 8-5。

表 8-5　腊肉类检验项目

序号	检验项目	发证	监督	出厂	备注
1	感官	√	√	√	
2	食盐	√	√	*	
3	酸价	√	√	√	
4	亚硝酸钠	√	√	*	
5	食品添加剂(山梨酸、苯甲酸)	√	√	*	
6	净含量	√	√	√	定量包装产品检验此项目
7	标签	√	√		

(3) 腊肠类　见表 8-6。

表 8-6　腊肠类检验项目

序号	检验项目	发证	监督	出厂	备注
1	感官	√	√	√	
2	水分	√	√	√	
3	食盐	√	√	*	
4	蛋白质	√	√	*	香肚不检验此项目
5	酸价	√	√	√	
6	亚硝酸钠	√	√	*	
7	食品添加剂(山梨酸、苯甲酸)	√	√	*	
8	净含量	√	√	√	定量包装产品检验此项目
9	标签	√	√		

8. 抽样方法

根据企业申请取证产品品种，在企业的成品库内，按种类（咸肉类、腊肉类、中国腊肠类、中式火腿类等）分别随机抽取 1 种产品进行发证检验。所抽样品须为同一批次保质期内的产品，抽样基数不少于 20kg，每批次抽样样品数量为 4kg（不少于 4 个包装），分成 2 份，1 份检验，1 份备查。样品确认无误后，由抽样人员与被抽查单位在抽样单上签字、盖章，当场封存样品，并加贴封条，封条上应有抽样人员的签名、抽样单位盖章及抽样日期。

9. 其他要求

① 企业应建立产品销售明细记录并妥善保存。

② 车间工作人员须着洁净的工作服、工作鞋、工作帽并佩戴口罩，工作帽应罩住全部头发，工作服应定期清洗消毒。

参 考 文 献

[1] 杜雅纯．食品卫生学．北京：中国轻工业出版社，1991.

[2] 金辅建，薛茜．肉制品加工手册．北京：中国轻工出版社，1992.

[3] 马凤琴，徐广泽．中国肉食制品加工大全．北京：北京理工大学出版社，1993.

[4] 吴光红，等．水产品加工工艺与配方．北京：科学技术文献出版社，2001.

[5] 王卫. 现代肉制品加工实用技术手册. 北京：科学技术文献出版社，2002.

[6] 南庆贤．肉类工业手册．北京：中国轻工业出版社，2003.

[7] 夏文水. 肉制品加工原理与技术. 北京：化学工业出版社，2003.

[8] 杨寿清．食品杀菌和保鲜技术．北京：化学工业出版社，2005.

[9] 杨庆才．农畜产品加工一本通．吉林：吉林人民出版社，2005.

[10] 赵改名．酱卤肉制品加工．北京：化学工业出版社，2008.

[11] 许学勤．食品工厂机械与设备．北京：中国轻工业出版社，2008.

[12] 戴瑞彤．腌腊肉制品生产．北京：化学工业出版社，2008.08

[13] 周光宏．肉品加工学．北京：中国农业出版社，2008.

[14] 曹程明．肉及肉制品质量安全与卫生操作规范．北京：中国计量出版社，2008.

[15] 高翔，王蕊．肉制品加工实验实训教程．北京：化学工业出版社，2009.

[16] 邱晓，马丽卿．熏腊肉制品配方与工艺．北京：化学工业出版社，2009.

[17] 乔晓玲. 肉类制品精深加工实用技术与质量管理. 北京：中国纺织出版社，2009.

[18] 胡爱军，郑捷．食品原料手册．北京：化学工业出版社，2012.

[19] 孔保华．肉品科学与技术．北京：中国轻工业出版社．2011.

[20] 于新，李小华．肉制品加工技术与配方，北京：中国纺织出版社，2011.

[21] 张凤宽．畜产品加工学．郑州：河南科技出版社，2011.

[22] 王卫，张崟，刘达玉．肉类加工卓越工程师培养教程．成都：科技出版社，2014.

[23] 严泽湘．水产食品加工技术．北京：化学工业出版社，2010.

[24] 韩青荣．肉制品加工机械设备．北京：中国农业出版社，2014.

[25] 王卫．栅栏技术及其在食品加工与质量安全控制中的应用．北京：科技出版社，2015.

[26] 王卫，韩青荣．肉类加工工程师培养理论与实践．北京：科学技术出版社，2016.